新时代"妇儿健康·优生科学"科普丛书

总主编 左伋

走进基因，了解新生命

张咸宁 编著

U0397787

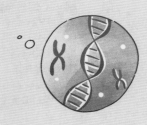

世界图书出版公司

上海·西安·北京·广州

图书在版编目（CIP）数据

走进基因，了解新生命/张咸宁编著.—上海：
上海世界图书出版公司, 2019.11
ISBN 978-7-5192-6602-8

Ⅰ.①走… Ⅱ.①张… Ⅲ.①基因－普及读物
Ⅳ.①Q343.1-49

中国版本图书馆CIP数据核字（2019）第215307号

书　　名	走进基因，了解新生命	
	Zoujin Jiyin，Liaojie Xin Shengming	
编　　著	张咸宁	
策划编辑	沈蔚颖	
责任编辑	李　晶	
插　　画	诺　拉	
出版发行	上海世界图书出版公司	
地　　址	上海市广中路88号9–10楼	
邮　　编	200083	
网　　址	http://www.wpcsh.com	
经　　销	新华书店	
印　　刷	上海景条印刷有限公司	
开　　本	787 mm×1092 mm　1/16	
印　　张	10.5	
字　　数	100千字	
版　　次	2019年11月第1版　2019年11月第1次印刷	
书　　号	978-7-5192-6602-8/Q·13	
定　　价	48.00元	

新时代"妇儿健康·优生科学"科普丛书编写委员会

总主编

左 伋

委 员

（按姓氏笔画为序）

丁显平	王晓红	朱宝生	刘 雯	刘国成	刘俊涛
李 力	李 京	李苏仁	李啸东	李崇高	杨 玲
沈 颖	张咸宁	苟文丽	姚元庆	夏 寅	郭长占
梅 建	程 凯	程蔚蔚	蔡旭峰	谭文华	薛凤霞

秘 书

蔡旭峰

普及优生科学知识
提高妇儿健康水平

"为新时代妇儿健康·优生科学"科普丛书题

陈义汉

2019年4月20日

同济大学副校长、中国科学院院士　陈义汉教授
为本套丛书题词。

序　言

　　党的"十九大"提出中国特色社会主义进入了"新时代"。"新时代"意味着在国家的总体发展上应有新的方向、新的目标和新的追求。这其中也包括了"国民健康"。习近平总书记指出"健康是促进人的全面发展的必然要求，是经济社会发展的基础条件，是民族昌盛和国家富强的重要标志，也是广大人民群众的共同追求"。中共中央、国务院印发的《"健康中国 2030"规划纲要》提出了"普及健康生活、优化健康服务、完善健康保障、建设健康环境"等方面的战略任务。《"健康中国 2030"规划纲要》以健康为中心，强化预防疾病这一理念，这是"健康中国"战略的必然选择。其中妇儿健康更是衡量国家社会经济发展的重中之重，也是我们从事基础医学和临床医学医务工作者在"新时代"的光荣使命。

　　在世界图书出版公司的大力支持下，我们组织了复旦大学、中国优生科学协会、浙江大学、九三学社复旦大学委员会等社会组织中从事妇儿临床和基础的专家，编写了一套《新时代"妇儿健康·优生科学"科普丛书》，从不同视角切入，对生命诞生、备孕、孕期、围产、婴幼儿的健康进行科普化的科学指导，旨在提高社会大众对妇儿健康知识的正确认识，促进身心健康，为"新时代"的"健康中国"作出我们的一点贡献。

复旦大学上海医学院细胞与遗传医学系主任、教授、博士生导师
中国优生科学协会第七届理事会会长
九三学社复旦大学委员会常务副主委
2019 年 7 月 5 日

前　言

在我个人的专业成长道路上,有 2 本书对我决计投身于遗传医学(医学遗传学)的教学和科研工作产生过很大的影响。一本是 DNA 双螺旋高级结构的发现者、科学大师詹姆斯·沃森(James Watson,1928—)所著的自传《双螺旋——发现 DNA 结构的故事》(刘望夷等译,科学出版社,1984);另一本便是我从未谋面的上海医学院(现为复旦大学上海医学院)的老校友、前辈谢德秋老师撰写的科普书籍《遗传·疾病·优生:遗传病漫话》(上海科学技术出版社,1983)。完全没有想到的是,36 年后的今天,一直自认为水平一般的我竟然也有机会动手编撰一本相关医学遗传学和优生学科普书籍。这全拜中国优生科学协会,尤其是左伋会长等领导的热情鼓励和鼎力支持,以及世界图书出版公司提供的良好出版平台。另外,长期支持我国优生科学事业的中国优生科学协会团体理事单位——山西美好蕴育生物科技有限公司也再三给予本人积极鼓劲,使我充满信心地投入写作。

基因(gene)早已步入了人们的生活,早已不是一个新鲜的术语和词汇。随着 2001 年人类基因组计划(HGP)的完成,遗传医学早已汇入了医学科学的主流,成为发展最为迅猛、变化最为剧烈的学科。因为除了外伤和非正常死亡以外,人类所有疾病的发生、发展和转归都与遗传物质(DNA)的直接或间接变化相关。这是全人类勿庸置疑的共识。没有遗传学,就没有现代医学。我的老师的老师的老师、著名遗传学家、中国科学院院士、复旦大学遗传学研究所教授谈家桢先生(1909—2008)生前一直大力呼吁,要让我国民众"懂一点基因","健康活过99"。目前,虽然市面上已经有不少优秀的相关科普读物,但本书仍然

要不余遗力地加入"呐喊基因"的行列。

本书的编写原则是深入浅出，厚积薄发，在严谨、简洁地阐述相关的基因与健康（特别是与优生）的关系的基础上，以名人的事迹为例，尽量多一点趣味性、活泼性、印象性，改变许多人（包括医生、医学生）眼中的"遗传病很罕见"的错误观点，而不要让读者感到晦涩和乏味。

本书的编写参考了大量的国内外科普书籍、教材、专著和网站，许多专业术语的阐释基本上以全国科学技术名词审定委员会审定公布的名词为准（术语在线：www.termonline.cn）。"附录：人类染色体上已定位的疾病基因"基于中国优生科学协会教育委员会副主任、遵义医科大学李学英教授的惠赠，修改而成。在此，谨向所有科普书籍、教材、专著和网站的相关作者、制作者致以最诚挚的敬意和感谢！

一日为师，终身为父（母）。我特别感恩引领和培养了本人进入医学遗传学专业领域的本科导师端礼华副教授（青海师范大学生物学系）、硕士导师陈秀珍教授（复旦大学上海医学院）、博士导师庚镇城教授（复旦大学遗传所），感谢历来无私鼎力支持本人工作的单位领导、同事、同行和学生！我也特别感谢心爱的妻子苏婧女士（浙江大学图书馆）！她长期默默无闻、事无巨细地操持了寒舍大大小小的家务，使得我可以心无旁骛地致力于自己繁重的本职工作，包括本书的写作。

文责历来自负。对于本书存在的这样或那样的谬误和不足之处，恳请读者多加海涵和斧正！请不吝发送 E-mail 至：zhangxianning@zju.edu.cn，以便本书有机会再版修订和印刷时臻于完善。

最后，奉上我所喜爱的法国哲学、物理学、数学大师笛卡尔（Rene Descartes，1596—1650）的名言，与君共勉："The more you study, the more you'll find yourself ignorant"（愈学习，愈发现自己无知）。

张咸宁

浙江大学医学院遗传学系副主任、浙江大学细胞生物学研究所所长

2019 年 6 月

目　录

第一章　有关基因的一些基本知识

第二章　基因与疾病举例

有关基因的一些基本知识

孩子总是像父母的——因为他们遗传了双亲的基因。遗传是指性状在亲代和子代之间的相似性和连续性。基因即携带遗传信息的 DNA 序列，成对（称为等位基因）存在于人体细胞核中的 46 条染色体上。遗传病一般分为 5 大类：染色体病、单基因病（又称孟德尔病）、复杂疾病（多基因病）、线粒体基因病、体细胞遗传病。对染色体病、单基因病、线粒体基因病可进行产前诊断、植入前遗传学诊断，预防子代遗传病的发生，这是优生的一部分内容。

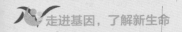

1 龙生龙，凤生凤，老鼠生儿会打洞
——基因是生命的基本因子

众所周知，构成人体的基本结构与功能单位是细胞（cell）。在光学显微镜下，我们可以观察到各种形态的细胞。细胞由外到内，依次由细胞膜、细胞质和细胞核组成，而细胞质中又含有多种细胞器。细胞中的细胞器主要包括线粒体、溶酶体、核糖体、内质网、高尔基体、微管、微丝等，它们是细胞内具有特定的形态、结构和功能的亚细胞结构，使细胞能够正常工作和运转。例如，由磷脂双分子层构成外膜和内膜，且内膜向基质突出形成丰富的嵴膜而构成的一种棒状的细胞器——线粒体（mitochondrion），就是最重要的细胞器，因为它作为细胞的"发电厂"、"动力中心"，通过其内膜上电子传递链的氧化磷酸化反应，为人体产生约90%的ATP（腺嘌呤核苷三磷酸）能量，是人体所需能量的主要供应者。人体的肝脏、心脏、肾脏、肌肉和脑等重要组织的细胞中，就含有大量的线粒体。线粒体在活性氧（ROS）生成、铁代谢、细胞氧化还原信号的转导、细胞凋亡的调控、自噬、基因表达的调控中都具有重要的作用，并与衰老和多种疾病的发生密切相关。

细胞核大多呈球形或卵圆形，是最大、最重要的细胞结构，是细胞的"信息库"和"调控中心"，类似人体最重要的器官——大脑。遗传物质——DNA（脱氧核糖核酸）就位于细胞核内的染色体（chromosome）上。染色体是细胞核内可自我复制的棒状小体。当细胞分裂时（即1个细胞复制为2个的过程），DNA分子经过螺旋折叠压缩，使染色质（chromatin）变成若干着色的小体，即染色体。

成人拥有的身体细胞的数量大约为37万亿个（37×10^{14}），它们都是由每个人的第一个细胞——受精卵经过无数次的有丝分裂分化、发育而来，每个人的体细胞中均含有23对（46条）染色体，为二

倍体细胞（2n）。而精子和卵子为生殖细胞，属于单倍体（n），只含有 23 条染色体。精卵结合形成受精卵，1（精子，n=23）+ 1（卵子，n=23）="1"（受精卵，2n=46），决定了一个人未来的健康甚至命运——当然，环境因素也发挥着不可忽视的重要作用。二倍体细胞中的染色体是以成对的方式存在的，一条来自父本，一条来自母本，其形态、大小相同，称为同源染色体。其中，22 对（44 条）染色体在男性和女性中是一样的，称为常染色体（即非性染色体）；第 45、46 条染色体（X 染色体和 Y 染色体）为性染色体，与人的性别决定有关。男性的性染色体为 XY，女性则为 XX。因此，染色体可看作是装载遗传信息（DNA）的一艘"船"。

决定人体生、老、病、死的物质基础为基因（gene）。基因就是含有特定遗传信息的 DNA 序列片段，是遗传信息的最小功能单位。"gene"一词是由丹麦植物学家威尔海姆·约翰森（Wilhelm Johannsen，1857—1927）于 1909 年首创的。因为染色体是成对的，所以基因也是成对存在的，称为等位基因（allele）。基因在染色体上的位置称为基因座（locus）。人体细胞内的全部 DNA 序列（即人的所有遗传信息）就构成了人类基因组（human genome）。人类基因组由细胞核基因组和线粒体基因组两大部分组成。一般所说的"人类基因组"，指的是核基因组。

核基因组由细胞核内 24 条不同的染色体（22 条常染色体和 2 条性染色体 X、Y）所对应的 24 个不同的 DNA 分子组成，含 32 亿多个碱基对（3.2×10^9 bp），大约包括 2.7 万个左右的基因。所谓"遗传"，是指性状在亲代和子代之间的相似性和连续性。遗传正是依靠精子、卵子、受精卵这些"桥梁"，将亲代的遗传物质——染色体、基因组和 DNA 传递给子代。因此，"种瓜得瓜，种豆得豆"；"龙生龙，凤生凤，老鼠生儿会打洞"。

然而，基因自身并非生命活动的主体，它只是细胞制造特定蛋白质

的指令系统。基因通过转录的过程生成 mRNA（信使 RNA），mRNA 再通过翻译的过程生成蛋白质，而蛋白质的数量与质量决定了人体的全部生命特征。因此，博学多才的革命导师恩格斯（1820—1895）很早便指出："生命是蛋白体（核酸 + 蛋白质）的表现形式。"我们要造一幢与众不同的别致的大楼（蛋白质），构成这幢大楼的基本材料就是一块块的砖（氨基酸）。端坐在行政指挥部办公室（细胞核）里面的"老板"（基因）将建造大楼方案的指令传达给亲信下属（RNA）。RNA 是老板最信任的下属和得力干将，忠诚并忠于公司的原则（碱基互补配对原则：A-T 和 G-C），精准无误地指导建造高楼（蛋白质）的项目。亲信下属（信使 RNA，即 mRNA）在接到老板（基因）当面下达的任务指令之后，立刻走出办公室大门（细胞核的核孔），奔赴施工现场（细胞质基质）进行工作。他操纵机器（核糖体），让一个个工人（转运 RNA，即 tRNA）将一块块砖（氨基酸）有秩序地垒起来，一幢设计好的理想大楼（蛋白质）便拔地而起了！但是，每个体细胞都含有相同的 46 条染色体、约 2.7 万个蛋白质编码基因，皮肤细胞、心肌细胞、肝细胞、肾细胞和脑细胞等 200 多种类型的体细胞却行使着各自的功能，大相径庭。为什么？原来，每个细胞的基因表达（gene expression）各异。维持细胞基本生命活动所需，并在所有的细胞类群中时刻表达的基因，称为持家基因。持家基因约占基因总数的 20%，如核糖体、染色体、细胞骨架的相关蛋白基因。而那些只限于在特定类型的细胞中表达，并维持细胞独特功能的基因，称为组织特异性基因（或奢侈基因）。组织特异性基因约占基因总数的 80%，如红细胞中的珠蛋白基因、胰岛 β 细胞中的胰岛素基因、皮肤细胞中的角蛋白基因等。大部分人体细胞表达 10 000 ~ 15 000 个蛋白质编码基因。通俗地说，就是你的大脑细胞只表达与大脑功能有关的基因，而你的脚后跟细胞只表达与脚后跟功能相关的基因（图 1-1）。

DNA: 生命的分子
37 万亿个细胞

每个细胞含：
· 23 对 46 条染色体
· 2 米长的 DNA
· 由 4 种碱基（A、C、G、T）组成的 32 亿个碱基对所构成的基因组
· 约 27 000 个左右的蛋白质编码基因

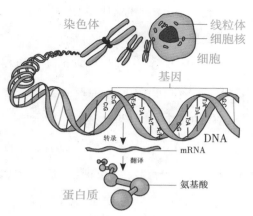

图1-1 细胞、染色体、DNA和基因

具体的蛋白在哪些组织中表达，在哪些组织中高水平表达，这些知识显然非常有助于人类明确疾病的发病机制。遗传学和基因组学最重要的应用就在医学领域，即疾病的预防、诊断、治疗和预后，是精准医学、个性化医学、转化医学和分子医学的主要精髓。以往的"对症治疗"观念正转向"对（基）因治疗"。

2 一母生九子，连母十个样 ——DNA变异和遗传病

一个基因座上控制某一性状的一对等位基因（如 A 和 a 等位基因）组合，称为基因型（genotype。如 AA、Aa 和 aa）。表型（phenotype）则是指可观察、可检测到的个体的结构和功能特性的总和，是基因型（内因）与环境因素（外因）相互作用的结果，如身高、肤色、血型、酶活性、各种体检指标、药物耐受力乃至性格等。"一母生九子，连母十个样。"亲代与子代之间，或群体内不同个体之间的基因型或表型的差异，称之

为变异。显然，变异的根本原因就在于个体之间的 DNA 差异。

DNA 变异可分为多态性（polymorphism）和突变（mutation）两种。多态性（"多样性"）意即有 2 种或以上的存在形式。例如，人的 ABO 血型有 A、B、O 和 AB 型 4 种形式，属于表型多态性。DNA 多态性则是指染色体的某个基因座上可能由 2 个或多个等位基因中的一个占据而造成的同种 DNA 分子的多样性。具有多态性的 DNA 分子在核苷酸序列上不同或在核苷酸重复单位的数量上有改变。例如，SNP（单核苷酸多态性）就是人体最常见的 DNA 变异形式。由于 DNA 碱基对的置换、增添或缺失等而引起的基因结构的变化，称为突变。在临床上，医生通常习惯于将导致疾病的 DNA 变异称为"突变"。

经常会听到患者亲属不满的质问声音："我们家族祖宗八辈都没有这种病，更没有听说过，怎么能说是遗传病呢？！"其实，所谓"遗传病"的概念是指由于体内遗传物质发生改变所导致的疾病。不正常的 DNA（结构变异或表达异常）决定异常的性状，就是遗传病。从根本上讲，除了外伤和非正常死亡以外，人类所有疾病的发生、发展和转归都与遗传物质（DNA）的直接或间接变化相关。因此，仅仅根据有无家族史和临床特征，无法判断患者是否罹患了遗传病，必须依靠分子诊断（molecular diagnosis）才能确诊。

已发现的遗传病有 8500 多种。一般地，遗传病分为五大类：

（1）染色体病：染色体的数目或结构异常导致的疾病。例如，唐氏综合征（又称 21- 三体）、18- 三体、13- 三体、猫叫综合征等。

（2）单基因病：又称孟德尔病，单个基因座的突变引起的疾病。例如，苯丙酮尿症、白化病、成骨不全、软骨发育不全、脊髓性肌萎缩症、肝豆状核变性、进行性假肥大性肌营养不良、鱼鳞病、抗维生素 D 佝偻病等。根据致病基因所在的染色体（第 1 ~ 22 号常染色体，还是 X、Y 性染色体？）和等位基因之间的显性、隐性关系，单基因病又分为 5 种

遗传方式：①常染色体显性遗传；②常染色体隐性遗传；③ X- 连锁显性遗传；④ X- 连锁隐性遗传；⑤ Y- 连锁遗传。由于 Y 染色体只存在于男性中，与男性不育有关，故在遗传医学上，一般不讨论"Y- 连锁遗传病"。

（3）复杂疾病（多基因病）：许多易感基因与环境因素共同作用导致的常见病、多发病。例如，高血压、糖尿病、哮喘、类风湿关节炎、系统红斑狼疮、白塞病、先天性心脏病、唇裂 / 腭裂等。

（4）线粒体基因病：线粒体 DNA 上的基因突变引起的疾病。不少书上称为"线粒体遗传病"。例如，Leber 视神经萎缩、先天性耳聋等。

（5）体细胞遗传病：特定的组织和体细胞（而非生殖细胞）的基因突变导致的疾病，包括各种肿瘤、自身免疫性疾病。

近年来，某些学者还提出了基因组病的概念。所谓基因组病，是指基因组 DNA 序列的异常重组造成的邻接基因重排而引起的某些综合征。如进行性神经性腓骨肌萎缩症 1A 型、无胸腺症（DiGeorge 综合征）等（图 1-2）。

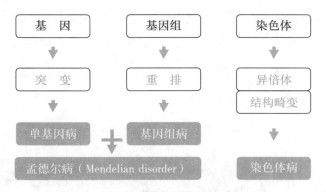

图1-2 目前能够进行分子诊断的遗传病

遗传病一般具有四大特点：家族性、先天性、罕见性和终身性。家族性疾病不一定是遗传病，许多遗传病的家族史为阴性。例如，夏天全家人都生了痱子；因为饮食中缺乏维生素 A，全家族都有夜盲症；肺结核等传染病在家族内传染等，当然不能说具有家族性。

先天性是指由自身遗传物质决定，生来就有，不需要后天因素作用的生物性状，但并非所有的遗传病都是先天的。不少遗传病（如亨廷顿舞蹈症，Huntington disease）是青壮年期才发病的。另外，某些先天性疾病属于获得性的。例如，孕妇妊娠期间接触有毒化学物质、服用药物不当等导致的胎儿先天性心脏病。

相对于高血压、糖尿病等常见病，罕见病一般是指患病人数占总人口 0.65‰～1‰的疾病。罕见病的患者人数相对较少。然而，约 80% 的罕见病属于遗传病。

迄今，在权威的以色列魏茨曼科学研究所（Weizmann Institute of Science）主办的人类基因数据库 GeneCards（www.genecards.org）和疾病基因数据库 MalaCards（www.malacards.org）中，已收录了 46 297 种疾病，包括 11 787 种遗传病，4 544 种胎儿疾病，2 436 种代谢缺陷疾病，4 615 种恶性肿瘤，707 种感染性疾病。所收录的可能的疾病基因有 13 500 个。

目前，绝大多数遗传病缺乏有效的治疗或抑制措施，不能治愈。这就是遗传病的终身性。但是，不能根治不等于不能治，不能治不等于不能预防。通过产前 DNA 诊断、植入前遗传学诊断（PGD）等方法，完全可以阻断致死性、致残性遗传病的致病基因以"垂直方式"传递给后代，这就是优生学最大的意义。

3 夫妻越来越像 ——表观遗传在起作用

在经典的遗传学（genetics）理论中，DNA 突变是指由于基因序列的改变（如基因突变等）所引起的基因功能的变化，从而导致表型发生可遗传的改变，但在临床实践中，有时会碰到这样的情况：某一位患者

或其同一个家系的患者，临床症状、各种临床检查结果明显符合某一种单基因病的特征，但却没有发现相应的致病基因的突变。在现实生活中，也会常常看到这样的情景：明明是同一个受精卵在发育早期一分为二，胚胎分离所形成的 2 个同卵双生子，其基因组的构成几乎 100% 相同，一个相当于另一个的遗传复制品，但这 2 个同卵双生子的某些外貌特征竟然有着截然的不同！例如，一位双生子的发色深，而他（她）的发色却浅得多。另外，人们常常会发现，某些夫妻越来越有"夫妻相"，真应了一句老话："不是一家人，不进一家门。"如何解释上述现象呢？

科学家们已经明确，这些现象完全可以用表观遗传学（epigenetics）的原理予以阐释。所谓表观遗传学，是指在基因的 DNA 序列没有发生改变的情况下，发生了 DNA 与 RNA 的甲基化、组蛋白修饰、染色质重塑、非编码 RNA 作用等改变（alteration），使得基因的功能发生了可遗传的变化，并最终导致了基因表达或细胞表型的变化。试想，虽然一对夫妻完全来自 2 个不同的无任何血缘关系的家庭，遗传背景迥然不同；但是，长期、稳定、相爱的共同家庭生活，夫妻每天吃着同一锅饭，呼吸着相同的室内空气，睡着同一张床榻，久而久之，夫妻两人的 DNA 序列难免不发生共同的表观遗传修饰作用，使得两人的基因表达拥有更多的共同之处，结果就越来越有"夫妻相"了（图 1-3）！

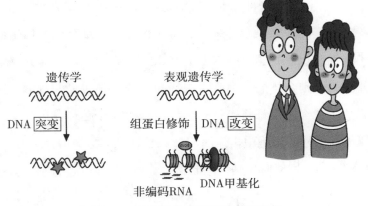

图1-3 遗传学和表观遗传学的区别

4 三色猫与男女平等
——趣谈X染色体的失活

　　白底色上掺杂着黑色与橙色条纹的猫称为三色猫，学名为"玳瑁猫"。当您看到一只三色猫时，您一定要心中有数：它多半是一只雌猫！为什么？这就涉及到一个有趣的话题：哺乳动物（包括人类）的"X染色体失活"现象。

　　众所周知，雌性哺乳类（包括女性）有2条X染色体，雄性（男性）只有1条X染色体，而X染色体上包含了1000多个基因。男、女性实际上是"不平等"的！为了让两性保持"平等"，大自然关闭了雌（女）性的一条X染色体——称之为X染色体失活，才使得雌（女）、雄（男）性的遗传物质（DNA）表达剂量维持了平衡。因此，在哺乳动物中，无论雄（男）性还是雌（女）性，身体的体细胞中只有一条有活性的X染色体。在光学显微镜下，我们可以观察到正常雌（女）性的间期细胞核中紧贴核膜内缘的一个染色较深，大小约为1 μm的椭圆形小体，即X小体（或称X染色质）。而正常雄（男）性则没有X小体。这个X小体就是雌（女）性正常失活的那一条X染色体。失活一般发生在胚胎发育早期，即胚胎发育的第16天左右。X染色体的失活是随机的，可以来自父本，也可以来自母本。失活是永久的和克隆式繁殖的，一旦某一个特定细胞内的X染色体失活，那么由这个体细胞分裂增殖而来的所有子代细胞也总是这一条X染色体失活。换言之，如果是父源的X染色体失活，则个体的子细胞中失活的X染色体也是父源的，所有这个细胞的子代细胞中都将表达有活性的母源X染色体。因此，在一个正常雌（女）性的细胞中，失活的X染色体既有父源的，也有母源的。失活是随机的，但同时也是恒定的。

　　决定猫毛色的基因只存在于X染色体上，而1条X染色体只能表

达一种颜色。黄色和棕色是1对等位基因，因而1条X染色体上要么携带黄毛基因，要么是棕毛基因，但猫腹部的毛色一般是白色的，是白化基因的作用，不受X染色体失活的影响，使得猫本身的颜色不能显示出来。因此，只有1条X染色体的雄猫，或为黄白色，或为棕白色；而雌猫的某些体细胞保留了黄毛基因所在的那一条X染色体的活性，某些体细胞则保留了棕毛基因所在的那一条X染色体的活性，故身体的这一块毛色是黄色的，那一块毛色是棕色的，构成了镶嵌形式的"三色猫"（图1-4）。

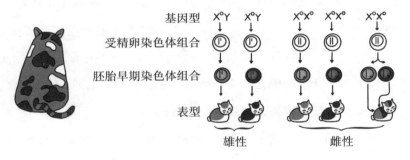

图1-4　三色猫与X染色体失活

5 橘子变成了香蕉
——单个碱基的突变即可致病

单基因病在遗传病病种中占了相当大的比例。单基因病虽然种类繁多，但本质上都是由于单个正常基因的突变引起蛋白质多肽链合成的异常，进而影响蛋白质的正常结构和功能，导致了疾病的临床表征。例如，在黑色人种中最常见的一种单基因病——镰状细胞贫血（sickle cell anemia），东非的发病人口约占40%，而西非为20%～30%，儿童的发病率尤其高，严重摧残着黑人儿童的健康。

镰状细胞贫血患者除了表现为慢性进行性溶血性贫血外，还有肢体疼痛及肿胀，充血性心力衰竭，颅骨及四肢骨骼的 X 光片改变。在显微镜下可见正常的圆形、椭圆形的红细胞变异为月牙形或镰刀形，因而称为镰状细胞贫血。本病呈常染色体隐性遗传，但其分子病因却非常简单。患者血红蛋白的亚基 β - 珠蛋白基因的第 6 位密码子由正常的 GAG 突变为 GTG，使得其编码的 β - 珠蛋白 N- 端第 6 位氨基酸由正常的谷氨酸突变为缬氨酸，形成镰状血红蛋白。镰状血红蛋白分子的表面电荷发生改变，出现一个疏水区域，导致溶解度下降。在氧分压低的毛细血管中，溶解度低的镰状血红蛋白聚合形成凝胶化的棒状结构，导致红细胞变成月牙状。镰变细胞引起血黏性增加，易使微细血管栓塞，造成散发性的组织局部缺氧，甚至坏死，产生肌肉骨骼痛、腹痛等痛性危象。同时，镰状细胞的变形能力降低，通过狭窄的毛细血管时，不易变形通过，挤压时易破裂，导致溶血性贫血。

一个"单词"拼写错了，由此引起一个出错的"句子"竟然造成如此严重的后果！可以想象一下，当在血管中倒一筐"橘子"（正常的红细胞），是轻而易举的；但倒一筐"香蕉"（突变的镰状红细胞），勾勾搭搭，非常别扭，血流很难顺畅，不贫血才怪呢（图1-5）！

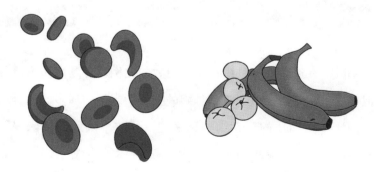

图1-5　镰状细胞贫血

6 睡眠、体重、身高、心理
——多基因控制的表型

人类的许多性状、疾病表征往往是以数量性状为基础的，即在正常数量基础上的增加或减少。所谓数量性状是指由多个基因控制、易受环境影响、呈现连续变异的性状。例如，高血压主要表现为血压增高，糖尿病表现为血糖升高，智力残疾则表现为智商降低等。研究早已发现，这些多基因病的发生不是决定于 1 对等位基因，而是由 2 对或以上的等位基因所决定，同时疾病的形成还受到环境因子的影响，故也被称为多因子疾病、复杂疾病。相对地，质量性状是指由一对或几对基因控制、不易受环境影响、表现为不连续变异的性状，个体表现为"患病（受累）"或"健康（未受累）"2 种类型。例如，苯丙酮尿症等单基因病表现为单个致病基因 *PAH* 决定的质量性状。而睡眠、体重、身高、心理都属于数量性状，都受多基因控制，这是国内外学者的共识。

睡眠的调节与生物钟有关。生物钟（bioclock）是指人体生理、行为及形态结构等随时间发生周期变化的现象，是人体内一种无形的"时钟"。生物钟的形成，是人类适应地球自转的结果。通过体内的生物钟，人类适应昼夜的变换，按照生命的节奏进行正常的作息。因为发现了生物钟的奥秘，2017 年的诺贝尔生理或医学奖颁发给了美国的 3 位遗传学家杰弗里·霍尔（Jeffrey Hall）、迈克尔·罗斯巴什（Michael Rosbash）和迈克尔·扬（Michael Young）。

国际上常用的衡量人体胖、瘦程度以及是否健康的量化标准是体重指数（BMI）。BMI 是以体重千克数除以身高米数平方得出的数据。当比较和分析一个个体的体重对于不同身高的人所带来的健康影响时，BMI 是一个中立而可靠的指标。2018 年 9 月 11 日，加拿大、爱沙尼亚、美国和德国科学家联合发表在权威学术期刊《美国科学院院报（PNAS）》上的 1 篇研

究论文发现，许多认知和神经学特征与肥胖有遗传联系，遗传在肥胖中的作用部分通过大脑解剖和认知功能表现出来。因此，必须通过认知训练改变人的神经行为因素，以提高人们抵制贪食的能力，才有希望更加苗条。仅仅干预饮食，而不关注控制体重的高级大脑系统和基因，效果不大。

人的身高在一个随机取样的群体中是由矮到高逐渐过渡的。很矮（如武大郎）和很高（如姚明）的个体只占少数，大部分个体的身高接近人群的平均水平。如果把这种身高变异分布绘成曲线，可以看出，变异呈常态分布（图1-6）。

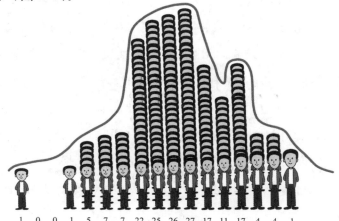

| 学生数量 | 1 | 0 | 0 | 1 | 5 | 7 | 7 | 22 | 25 | 26 | 27 | 17 | 11 | 17 | 4 | 4 | 1 |
| 身高（米） | 147 | 150 | 152 | 155 | 157 | 160 | 163 | 165 | 168 | 170 | 173 | 175 | 178 | 180 | 183 | 185 | 188 |

（a）

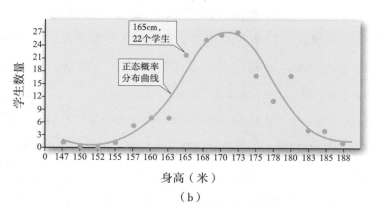

（b）

图1-6 （a）1914年美国某农学院175名大学生
（b）上述大学生身高的统计图，呈现为钟形正态分布

心理是指人脑对客观现实的主观反映。心理是脑的功能，在实践活动中不断地发生和发展。情绪则是指人对内外信息的态度体验以及相应的行为和身体反应，以个体的愿望和需要为中介。人的行为性状是遗传的，也是获得性的，获得性的行为是通过不断的刺激、学习而形成的。因此，无论是遗传的还是获得的行为，都有遗传因素的参与。研究基因对行为的影响以及行为形成过程中遗传和环境互作规律的学科，便称为行为遗传学，也就是心理遗传学。

7 船坏了，麻烦大了
——染色体病的危害

染色体数目或染色体结构异常导致的疾病称为染色体病。人的 26 条染色体是遗传物质（DNA）的载体，好比是一艘艘载满乘客的"船"，所有的核基因都在这一艘艘的"船"上。船坏了，甚至有沉没的危险，则船上的众多乘客都可能遭殃，危害性自然很大。因此，染色体病的分子实质是染色体上基因群的增减或变位影响了众多基因的表达和作用，严重地破坏了基因的平衡状态，从而妨碍了人体相关脏器的分化发育，造成机体形态和功能的异常。

按照染色体的种类和决定的表型，染色体病可分为 3 种：①常染色体病；②性染色体病；③染色体异常的携带者。

染色体病在临床上一般表现为以下几个特点：①染色体病的临床特征通常为：先天性多发畸形（包括特殊面容）、生长、智力或性发育滞后，特殊肤纹；②绝大多数染色体病患者呈散发性，即双亲的染色体正常，而畸变染色体来自双亲生殖细胞或受精卵早期卵裂新发生的染色体畸变。这类患者往往没有家族史；③少数染色体结构畸变的患者是由表

型正常的双亲遗传而得，其双亲之一为平衡性染色体结构重排的携带者，可将畸变的染色体遗传给子代，引起子代的染色体不平衡而致病。这类患者常伴有家族史；④染色体病患者可进行产前诊断，即绒毛取样术或羊膜穿刺术，以及 PGD，分析胎儿细胞的染色体信息。

染色体病表型的轻重程度主要取决于染色体上所累及基因的数量和功能。严重者在胚胎早期夭折并引起自然流产，故染色体异常易见于自然流产胎儿。少数症状相对较轻者即使存活到出生，也往往表现有生长、智力或性发育的异常和先天性多发畸形。因此，染色体病对人类危害甚大，又无治疗良策，目前主要通过遗传咨询和产前诊断予以预防。

常见的常染色体病主要有唐氏（Down）综合征、18- 三体、13- 三体、5p- 综合征（猫叫综合征）和微缺失综合征等。唐氏综合征又称 21- 三体，是发现最早、最常见、研究最多的染色体病，也是最常见的由单一遗传因素引起的中度智力残疾。因英国医生约翰·兰登·唐（John Langdon Down，1828—1896）于 1866 年首先描述了本病而得名。1959 年，法国儿科医生杰罗姆·勒琼（Jerome Lejeune，1926—1994）首先证实本病的病因是多了一条第 21 号染色体，所以唐氏综合征又称 21- 三体。

大约每 850 个儿童中就有 1 例唐氏综合征患儿，35 岁以上的高龄孕妇生育患病子代的风险更高。原因在于产妇年龄越大，卵巢所承受的各种有害物质的影响越多，从而引起第 21 号染色体在细胞分裂过程中出现不分离现象，导致卵子异常。因此，对于女性而言，中国的老话"早结婚，早生贵子"，不无遗传学道理。唐氏综合征最严重的症状为智力残疾。在婴儿早期阶段并不明显，但通常在约 5 ~ 6 周岁时则表现突出（图 1-7）。

虽然患者的智力残疾程度不等，但许多患者还是能够逐渐具有一定的沟通能力，上学读书，甚至自食其力。因此，对已经出生的唐氏患儿，父母应该保持乐观的情绪，千方百计培养患儿成长，力争做一个对社会

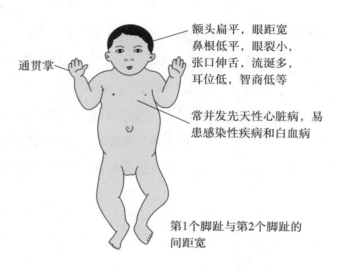

图1-7 唐氏综合征

有用的人。例如，武汉乐团低音提琴演奏员胡厚培之子胡一舟（舟舟，1978—   ），因罹患唐氏，IQ仅31。但在父母的精心培养下，努力挖掘音乐才华，成为中国残疾人艺术团的著名乐队指挥，赢得了全世界的掌声。

三种常染色体三体均伴有生长迟缓、智力残疾和多发性先天畸形等症状。寿命的长短依次为21-三体>18-三体>13-三体。原因是第13号染色体最大，带来的临床影响也最严重，13-三体多半在胎儿期流产，新生儿出生的概率较小，且生存率较低。罹患13-三体的法国女性克莱尔（Clare）活了37岁，是已知最长寿的13-三体患者，为难得的生命奇迹，但她的家族本身有家族长寿史。

性染色体虽然只有1对，但性染色体病却占染色体病的近1/3。常见的有克氏（Klinefelter）综合征、特纳（Turner）综合征等性发育异常。克氏综合征由美国医生克兰费尔特（Klinefelter）等于1942年首次报道，又称先天性睾丸发育不全或原发性小睾丸症，是第一种被报道的人类性染色体病。患者为男性，但多了1条X染色体，以身材高、睾

丸小、第二性征发育差、不育为临床特征。患者的性取向、性生活均正常，但往往为无精子症。特纳综合征由美国医生特纳（Turner）于1938年首次报道，又称女性先天性性腺发育不全或先天性卵巢发育不全综合征。患者为女性，但少了1条X染色体，卵巢发育不全，身材矮小（120～140 cm），蹼状颈，宽胸，外生殖器和乳房呈女性型但发育不良。患者常因身材矮小或原发闭经就诊。虽然青春期可用雌激素治疗改善第二性征和生殖器官的发育，但不能促进长高和解决生育问题（图1-8）。

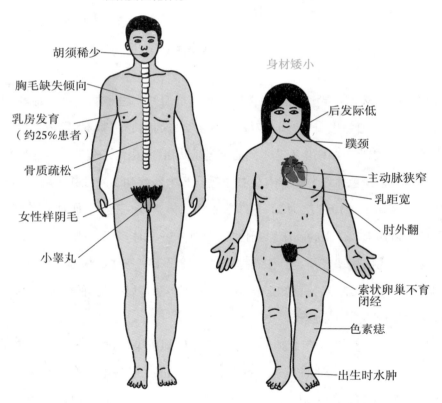

图1-8　克氏综合征与特纳综合征

8 不必谈癌色变
——浅谈肿瘤的遗传

当今，随着我国社会经济的迅猛发展，广大人民群众的物质生活和文化生活水平都得到了空前的提高，已经步入了一个崭新的时代。全民族都在努力奋斗，以实现百年"中国梦"。但在医疗保健方面，随着人们生活方式的改变，经济快速增长下带来的大气与环境污染问题日趋严重，加上人口老龄化等原因，我国人口的死亡谱已发生了很大的变化，恶性肿瘤成了我国居民死亡的主要原因之一，癌症死亡率长期位居第二位，成为人们关注和揪心的重大健康问题。其实，肿瘤带来的巨大烦恼是世界性的。每年，全球约有 1 400 万新确诊的癌症病例，超过 800 万的死亡病例。根据 2019 年 1 月发布的最新权威数据显示，尽管得益于人们防癌意识的增强以及早期筛查、免疫治疗等防治措施的进步，世界上最发达的国家——美国 25 年来（1991—2016）的肿瘤死亡率已持续下降，特别是肺癌、乳腺癌、前列腺癌与结直肠癌 4 种常见的高致死性肿瘤，但预计 2019 年美国仍将发生约 176 万例新癌症病例，约 60.7 万例癌症死亡病例。

那么，人类是否真的已经进入了谈癌色变的年代？

癌症（cancer）是一种用于描述瘤形成的恶性形式，即一种失控的细胞增殖过程，最终导致一个肉团或肿瘤（赘生物）。癌症是恶性的赘生物，即生长不再受控制，且能够由原发位置侵入邻近组织甚至扩散（转移）至更远的部位——"cancer"的希腊文原意为"螃蟹"，非常形象地暗示了癌症的主要特性："横行霸道"，异常、肆无忌惮地增殖，侵袭邻近组织、器官甚至整个机体。没有侵入性或转移性的肿瘤不是癌症，属于良性肿瘤。良性肿瘤的大小、位置虽然各异，但病理本质为良性。

大量的研究早已表明，肿瘤的发生与遗传因素密切相关，某些肿瘤的发生具有明确的种族或民族倾向性。例如，日本人患松果体瘤者比其他种族或民族高十几倍；皮肤癌在白色人种中最多；我国鼻咽癌的发病率比印度高 30 倍，比日本人高 60 倍，而且这种高发率并不随中国人移居他国而明显降低，世界上 80% 左右的鼻咽癌发生在我国，持广东方言的居民是鼻咽癌的最高发人群，鼻咽癌因而又被戏称为"广东瘤"（Canton tumor）。可见，遗传物质是诱导肿瘤发生的重要原因，肿瘤的发生也是遗传因素和环境因素共同作用的结果，只是在同一肿瘤的发生中，遗传因素或环境因素所起的作用不等而已。因此，从根本意义上说，癌症就是一种遗传病（图 1-9）。

图1-9　肿瘤的黑匣子

早在 1902 年，著名德国生物学家西奥多·博韦里（Theodor Boveri，1862—1915）便明确指出，导致恶性肿瘤的实质是单个细胞的染色体异常。毕竟那个年代，人类还没有诞生"基因"的概念。近年来，随着人类基因组测序、RNA 表达谱分析、表观遗传学研究技术的应用，特别是世界各国纷纷开展了各种名目的"癌症基因组解剖计划"，使得肿瘤遗传学的研究突飞猛进，癌症病因的"黑匣子"正逐步被解密。癌细胞即生长失去控制，具有恶性增殖和扩散、转移能力的细胞。控制癌细胞增殖和分裂的基因主要是主控基因（包括癌基因、抑癌基因）和副控基因。一种癌细胞中可能存在几万个突变，其中最主要的遗传决定因素是3 ～ 10 个非随机发生的主控突变，以及 60 ～ 70 个随机发生的副控突变。有趣的是，"主控基因"的英文为"driver gene"，意即"司机基因"；而

"副控基因"的英文为"passenger gene"，意即"乘客基因"。试想，癌细胞之所以能够拼命增殖，就在于"蛮横的司机"乱踩油门，或受到坐在副驾驶位置上的"不文明的乘客"的怂恿而昏头加速，使得正常细胞过度生长，造成肿瘤（赘肉），继而逐渐恶化为癌细胞；而在正常情况下，人体的抑癌基因等发挥功能，具有"刹车"的作用，限制组织细胞的增多，使人体新生的细胞数目和老死的细胞数目维持在一个动态的平衡状态，因而无法产生"赘肉"（图1-10）。

图1-10 主控基因（"司机"）和副控基因（"乘客"）

目前，人类对付肿瘤的措施主要包括外科疗法（手术疗法）、化学疗法（化疗）、放射治疗（放疗）、传统中医药治疗、基因治疗、细胞免疫治疗（如CAR-T）等，均不理想，或仍在探索之中。因此，早期诊断肿瘤，尽早进行预防和干预，方为上策。其中，针对肿瘤细胞的基因和蛋白质进行的分子诊断已广泛应用于体检、筛查和疗效评估中。

记住：戒烟酒、管住嘴、迈开腿、好心态、早筛查，您就可以让"肿瘤君"滚蛋哦！

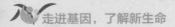

9 药物也有百家姓
——药物基因组学与个性化医学

俗话说得好，"吃五谷，生百病。"在日常生活中，每个人都少不了与各种各样的药品打交道。然而，用药后的效果往往因人而异。例如，一种感冒药或降压药，张三吃了药到病除；李四服用后却见效不大，甚至无效；王二吃了药非但没有解决问题，反而出现了过敏反应！这正是药物遗传学和药物基因组学所研究的内容之一。根据国家药品不良反应监测中心于 2018 年 4 月 19 日公布的《国家药品不良反应监测年度报告（2017 年）》，1999 至 2017 年，全国药品不良反应监测网络累计收到《药品不良反应 / 事件报告表》1218.2 万份；2017 年共收到新的和严重药品不良反应 / 事件报告 43.3 万份，较 2016 年增长了 2.2%；新的和严重报告数量占同期报告总数的 30.3%，较 2016 年增加了 0.7%；在涉及的患者中，14 岁以下儿童患者的报告占 9.9%，与 2016 年持平。65 岁以上老年患者的报告占 26.0%，较 2016 年有所升高；报告药物数量排名前 5 位的分别为抗微生物药（47.7%）、心血管系统用药（8.6%）、抗肿瘤药（7.1%）、调节水电解质及酸碱平衡药（4.0%）、消化系统用药（3.9%）。表明药物反应差异和不良反应是普遍存在的。

1957 年，著名医学遗传学家、美国西雅图华盛顿大学教授阿诺·莫图尔斯基（Arno Motulsky，1923—2018）首先提出了基因决定药物反应的观点，认为药物代谢过程中涉及各种酶和受体。如果基因突变产生异常的酶，或由于酶的缺乏产生了异常的蛋白质，形成了异常的药物受体，则药物代谢过程就可能发生改变，从而引起异常的药物反应。进入 20 世纪 90 年代，随着人类基因组计划（HGP）的提出和实施，一大批人类基因相继被定位和克隆，人们认识到，药物在人体内的代谢是一个十分复杂的过程，与遗传因素之间的关系非常复杂，不可能用单个基因的

原理阐述清楚，而是要放在基因组的整体中加以考虑。因此，"药物基因组学"的概念于 1997 年应运而生。药物基因组学以药物效应安全性为目标，从整个基因组的全局角度审视各种基因突变与药效及安全性之间的关系。

虽然有诸多影响患者对某一种药物的反应因素，包括患者的年龄、性别、种族或民族、疾病状态和器官功能，怀孕、哺乳等其他生理变化，以及吸烟、饮食等外源性因素，但个体之间药效的不同主要是由个体间的基因差异所导致的。而这种基因差异的实质，就是单核苷酸多态性（single nucleotide polymorphism，SNP），即个体基因组 DNA 序列上任意一个位置的单个碱基差异（变异）。从遗传学角度可以比较容易地看清这一问题，即在地球上几乎找不到 2 个一模一样的人，这就说明了遗传背景的差异存在于任何 2 个个体间，甚至反映到同卵双生子中。因此，针对相同病症的药物在不同个体中出现的药效不尽相同，也就不难理解了。让药物也有"百家姓"，正是今日"个性化医疗"、"精准医疗"的首要目标。

所谓药物代谢，是指药物作为一种异物进入体内后，机体动员各种机制使药物从体内消除的重要途径。本身具有药理活性，代谢后药理活性丧失或降低的药物，称为"活性药物"。大部分药物均属于活性药物；在体外无生理活性，仅在体内被代谢为活性物质后才发挥效应的药物，称为"前药"。如阿司匹林、可待因、氯吡格雷、左旋多巴、替诺福韦等。已经发现，细胞色素氧化酶 P450（cytochrome P450，CYP）超家族在诸多药物的代谢中发挥着重要作用。CYP 种类繁多，有的底物可被几种细胞色素 P450 催化，而有的细胞色素氧化酶 P450 可催化几种不同的底物。CYP 主要包括 CYP1A2、CYP2C9、CYP2C19、CYP2D6、CYP2E1、CYP3A4 和 CYP3A5，75% 的药物是由这些酶代谢的，其中约 40% 由高度多态性的酶 CYP2C9、CYP2C19 和 CYP2D6 代谢。而 CYP2D6 是迄今

研究得最多、阐释最为清楚的药物代谢酶。CYP2D6 属于细胞色素氧化酶 P450 超家族成员，存在于肝细胞的内质网和线粒体内，主要对药物及其他代谢物进行氧化修饰。肝脏中的 CYP2D6 含量占 CYP 肝脏蛋白总量的 1% ~ 2%，虽然含量不高，但参与代谢的药物却占总 CYP 代谢药物的 25% 以上，包括 β - 肾上腺能受体阻断剂、抗抑郁药、抗心律不齐药和抗精神病药。脑内的 CYP2D6 也具有多态性特点，而且影响脑的功能。

具体说来，CYP2C9（10q23.33）、CYP2C19（10q23.33）和 CYP2D6（22q13.2）基因多态性所产生的药物反应表型包括正常代谢者、超快代谢者、中等代谢者和慢代谢者。如果患者为超快代谢者，在服用正常推荐剂量的活性药物之后，治疗效果不佳或无效，需要适当增加给药剂量；在服用正常推荐剂量的前药之后，容易出现毒性反应，需要减少给药剂量。如果患者为中等代谢者和慢代谢者，则在服用正常推荐剂量的活性药物之后，容易出现毒性反应，应该减少给药剂量；在服用正常推荐剂量的前药之后，治疗效果不佳或无效，应该适当增加给药剂量。可见，遗传多态性的检测是多么重要啊（图 1-11）！

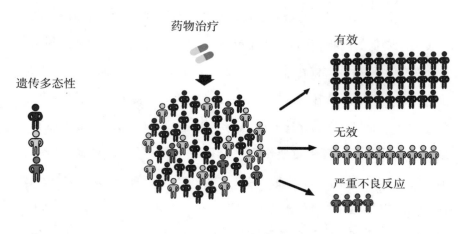

图1-11 遗传多态性的检测

10 拥抱美儿
——分子诊断、产前诊断、PGD与优生

2016 年 9 月 9 日，英文《中国日报》（*China Daily*）用大篇幅报道了在公众视野中消失了多年的明星冯某妹的近况，引起了人们的广泛关注。

冯某妹原名冯飘飘，1986 年 9 月 17 日出生于重庆市。毕业于四川音乐学院声乐系。2005 年，年仅 19 岁的冯某妹在朋友的"怂恿"下，参加了由《上海服饰》举办的平面模特选拔赛。长相甜美、身材苗条、表演洒脱的她深得评委和观众们的喜爱，获得了"优胜者"的称号。同年，冯某妹又角逐了当时风靡全国的"超女"大众歌手选秀赛。唱功功底深厚、音色清纯的她虽然只夺得了成都赛区第 4 名，但俘获了 20 多万"粉丝"观众的心，被誉为"最美超女"，从此步入了演艺圈。事业、爱情双丰收的冯某妹，于 2012 年在成都顺利产下了 3950 克的可爱女儿，唤名"美儿"。意想不到的是，4 个月大的美儿逐渐开始出现自主活动减少、屈颈、抬头乏力，四肢近端无力，无法独坐等病症。然而，多家医院给不出准确的结论，有的诊断为大脑性瘫痪（即出生前后大脑尚未发育成熟阶段所发生的脑损害而导致的脑功能异常。以运动皮质的损伤最为多见，主要表现为中枢性运动障碍及姿势异常），而有的医院误诊，对美儿进行了长达半年的痛性理疗——肢体伸展和电击治疗。直到北京的某一家医院进行了基因诊断，才确诊美儿患了"1 型脊髓性肌萎缩"（SMA1）。不幸的是，SMA1 无法治疗。眼看着女儿每天因病痛发出的呻吟和日渐消瘦的身体，作为年轻母亲的冯某妹心如刀绞。只能眼睁睁地目睹了年仅一岁半的美儿撒手人寰。

原来，SMA1 是一种严重的进行性运动神经元病，以脊髓前角细胞和脑干运动性脑神经核的进行性变性为主要特征，累及全身多个系统。

临床主要是进行性、对称性肌无力和萎缩，近端重于远端，下肢重于上肢。吸吮和吞咽困难，有特征性的"钟形胸"和腹式呼吸。智力发育和感觉神经正常，腱反射减弱或消失。有的患儿伴有舌颤、手震颤。虽然神经保护剂、神经营养因子、改善肌肉功能等常规治疗方法可以延长运动神经元的一点生存时间，但患儿病情进展迅速，常因肺部感染而导致呼吸衰竭，多于 2 岁之内夭折。SMA1 是我国儿童的头号"杀手"，发病率约为 1/10 000，而患儿无症状的双亲多为致病基因的携带者，频率为 1/40 ~ 1/50。SMA1 呈常染色体隐性遗传，致病基因 *SMN1* 定位于 5q13.2（第 5 号染色体长臂 1 区 3 带 2 亚带），编码运动神经元存活蛋白（SMN）。确诊 SMA1 的最佳方法只有基因诊断。若夫妇双方均为致病基因的携带者，则可以通过羊膜穿刺术等产前 DNA 诊断、体外辅助生殖的植入前遗传学诊断（PGD）技术，避免患儿的出生。冯某妹和前夫因为没有 SMA1 症状，各自现存的长辈中也没有人罹患这种病，又没有做过基因筛查，不知道他们是携带者，所以才造成了上述悲剧。2016 年以来，依据反义寡核苷酸药物的原理研制的治疗 SMA1 的新药 Spinraza（活性成分为 Nusinersen）已相继在美国、欧洲和日本等国上市。该药可促进患儿体内的 SMN 蛋白的生成。2018 年，欧洲药品管理局（EMA）批准 Risdiplam 为治疗 SMA 的优先药物。2019 年 5 月 24 日，美国 FDA 批准了诺华制药企业用于有效治疗 *SMA1* 的基因药物：Zolgensma，给患者家属们带来了福音。但让人遗憾甚至愤怒的是，该药的官方定价为令人咋舌的 212.5 万美元（约 1 466 万人民币）！

基因组医学早已融入了医学科学的主流，其对疾病诊治的首要贡献便是"预测医学"。所谓预测医学，即在受精卵及其卵裂期、胚胎期、胎儿期、婴幼儿期或个体发病前期对染色体、DNA、RNA 或蛋白质的直接或间接变化进行分析，以识别出疾病相关基因的结构异常，或功能异常，或识别出发病风险基因的携带者，从而进行有效的预防和治疗。

因此，预测医学是以分子诊断技术为基础的。应用现代细胞遗传学技术和分子遗传学技术对感染性疾病、遗传病、恶性肿瘤等的诊断，早已成为国内外许多医疗机构的常规项目，也是衡量一个城市和地区整体医疗水平的重要指标。在临床上常常可见，虽然根据患者的临床表征可以大致做出诊断，但难以确诊，必须通过检测相关的致病基因才能达到确定病因的目的。因此，通过分子诊断实现精准诊断，进而实施精准治疗或选择性优生，是精准医学的精髓。分子诊断、产前诊断是医生尤其是妇产科医生、儿科医生的"显微镜"、"放大镜"，虽然复杂，但可靠性最高。令人自豪的是，分子诊断的创始人是著名的美籍华裔医学遗传学家、美国科学院院士、拉斯卡奖（1991）和第一届邵逸夫生命科学和医学奖（2004）获得者简悦威（Yuet Wai Kan）教授。

然而，产前诊断一旦检测出胎儿为严重的遗传病，则孕妇不得不考虑人工引产，这多少是个令人难过的打击！能不能提前避免悲剧的发生？为此，科学家们发明了胚胎植入前遗传学诊断（preimplantation genetic diagnosis，PGD）技术。PGD 是指通过体外受精或单精子卵细胞胞质内注射，获取 6～8 细胞期的胚胎，显微操作活检 1～2 个卵裂球，进行遗传学分析后，再选择无遗传性问题的胚胎移植回母体子宫，是一种将辅助生殖技术与遗传学诊断技术相结合的新型产前诊断技术。PGD 的优势主要体现在将胎儿诊断提前到胚胎着床前，从而避免非意愿性流产带给孕妇的身心创伤，避免了因绒毛取样、羊膜腔穿刺、胎儿脐带穿刺等手术操作所带来的出血、流产和宫腔感染等并发症风险；从源头上彻底阻断遗传病的传递；其实施还可避免一些宗教、伦理学带来的争议。因此，PGD 充分体现了早期、无创性和有效干预的特点，被誉为"新优生科学"。"体外受精之父"、剑桥大学教授罗伯特·爱德华兹（Robert Edwards，1925—2013）还荣获了 2010 年的诺贝尔医学奖，但 PGD 技术难度大，设备要求高，费用昂贵，周期较长，这是制约其推广的主要障碍。

图1-12　美儿SMA关爱中心

世界上没有绝望的处境，只有对处境绝望的人。有梦最美，希望相随。前面提到的深受丧女和离婚打击的冯某妹，一直没有公开自己的不幸遭遇，勇敢的她一个人默默地把痛苦压在心里。在工作之余，她把所有的时间都投身于公益事业。美儿走了，但还有千千万万的婴儿和家庭在苦苦挣扎。冯某妹发誓在有生之年，将SMA1这个万恶的病魔扼死在摇篮里！2016 年 1 月，冯某妹终于成立了以心爱的女儿命名的"北京市美儿脊髓性肌萎缩关爱中心"公益基金会（图 1-12）。"中心"已于 2016 年、2018 年相继在北京和上海召集主办了 2 次国际 SMA 大会，以深入联结各方力量，共同推进国内外 SMA 诊疗的发展。

<h2>11　让心跳动起来
——先天性心脏病会遗传吗？</h2>

出生缺陷是指胚胎发育紊乱引起的形态、结构、功能、代谢、行为等方面异常的统称。在国内外，最常见的出生缺陷就是先天性心脏病，也是出生缺陷相关性死亡的最常见病因。先天性心脏病是指在胚胎发育时期（怀孕初期 2 ~ 3 个月内），由于心脏及大血管形成障碍，或出生后应自动关闭的通道未能闭合（在胎儿属正常）而引起的一组心脏局部解剖结构异常的疾病。其发病率约为 4 ~ 8/1 000。那么，先天性心脏病到底会不会遗传呢？很遗憾，答案是肯定的。著名英国心脏病专家莫里斯·哈德曼·坎贝尔（Maurice Hardman Campbell，1891—1973）在

1949 年便撰文指出了这一点，为学术界所承认。

人体的心脏是个复杂的器官，仅左、右心房，左、右心室的形成便充满了发育生物学"传奇"。形成过程越曲折，出差错的概率就越高。因此，先天性心脏病的发生率很高，不足为奇。不过，先天性心脏病有 35 种以上的亚型，有些为单基因病（如马方综合征、Hurler 综合征、Hunter 综合征、成骨不全、Alagille 综合征、CHARGE 综合征、Ellis von Creveld 综合征、Goldenhar 综合征、Holt-Oram 综合征、Kartagener 综合征、Noonan 综合征、歌舞伎综合征、Pierre Robin 序列征、无桡骨血小板减少综合征、结节性硬化、VACTERL 综合征、Williams 综合征、糖原贮积症 II 型、同型胱氨酸尿症等）或染色体异常（唐氏综合征、13- 三体、18- 三体、猫叫综合征、特纳综合征、克氏综合征等）所致，有些则是由致畸因素（如风疹感染、酒精、抗惊厥药、锂、视黄酸，或母本罹患糖尿病、苯丙酮尿症、系统红斑狼疮等）引起的（图 1-13）。

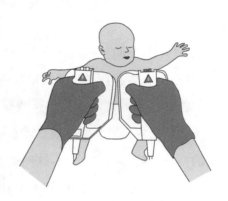

图1-13　先天性心脏病

根据发生机制进行划分，先天性心脏病有 5 种主要类型：流动缺陷型、细胞迁移或细胞死亡缺陷型、胞外基质异常型和目标生长缺陷型。家族聚集性主要见于流动缺陷型患者，50% 的先天性心脏病为流动缺陷型（流动性病变）。流动缺陷型先天性心脏病包括左心发育不全综合征、主动脉狭窄、房间隔缺损、肺动脉瓣狭窄、室间隔缺损的常见型以及其他异常等。25% 的流动缺陷型患者（尤其是法洛四联症）可见染色体 22q11 节段的缺失。22q11 缺失也是 DiGeorge 综合征（兼具腭、心、面部畸形的一种多发性畸形）、软腭 - 心 - 面综合征、圆锥动脉干异常面容综合征的病因。

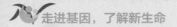

大部分先天性心脏病为多基因遗传方式，即受许多个基因座的控制。目前，已发现了约 400 个基因与先天性心脏病相关。因此，不同类型的先天性心脏病在不同种族或民族人群中的发病率和经验风险度不同。然而，若家系成员再发心脏缺陷，患儿的具体缺陷不一定相同，但都由相同的病因发展而来。

12 荡秋千的幸福 ——基因治疗与未来的人类健康

"小朋友们真勇敢，一上一下荡秋千。你像鸟儿飞上天，我像鱼儿往下钻。"当看到自己的孩子欢笑地荡漾在忽上忽下的秋千上，做父母的您是多么欢喜和欣慰啊！然而，您可能不知道，患有某一种病的孩子，从出生开始，就必须悲哀地永远待在无菌的温室里——若接触自然的空气，就得面临死亡！这种致命的疾病，就是腺苷脱氨酶（adenosine deaminase，ADA）缺乏症。患儿又被形象地称为"玻璃娃娃"（bubble baby）。

重症联合免疫缺陷病（severe combined immunodeficiency disease，SCID）是一组胸腺、淋巴组织发育不全及免疫球蛋白（抗体）缺乏的遗传病，机体不能产生体液免疫和细胞免疫应答（故称为"联合"），T 细胞、B 细胞都有缺陷所致。ADA 是催化腺苷水解脱氨成肌苷的氨基水解酶，是嘌呤代谢的必需酶，与机体的细胞免疫活性密切相关。ADA 缺乏症属于常染色体隐性遗传的一种重症联合免疫缺陷病。患儿的腺苷脱氨酶基因 *ADA*（定位于 20q13.12）发生缺陷或突变，产物表达缺乏，造成腺苷和脱氧腺苷分解代谢障碍并在胞内大量积聚，影响淋巴细胞的 DNA 复制，导致 T 淋巴细胞、B 淋巴细胞代谢和分化障碍，成熟 T 细胞、B 细胞数量严重不足，从而引发 SCID。由于患儿先天不具备健

康、健全的免疫系统功能，对日常感染失去抵抗力，故出生几个月后便夭折。据估计，欧洲每年大约确诊的 ADA-SCID 患儿有 15 例。好莱坞曾于 1976 年专门拍摄了一部有关 ADA 缺乏症的电影《泡泡屋里的男孩》（The Boy in the Plastic Bubble），还获得了第 29 届艾美奖。

1989 年，罹患 ADA-SCID 的 4 岁美籍印度裔女孩亚香缇·德·席尔瓦（Ashanti de Silva）已经奄奄一息。这个世界似乎对她充满恶意，与别人的每一次接触，触摸每一件东西都可能引发致命的感染。从出生的那一天起，她就一直备受感染的折磨，4 岁的身高、体重却只有 2 岁儿童的水平。所幸的是，1990 年 7 月 31 日，美国国立卫生研究院（NIH）及其下属的重组 DNA 委员会首次批准了人体基因治疗的第一个方案：对 ADA 缺乏症患儿进行的离体基因治疗临床试验，亚香缇被招募入选。科学家们将反转录病毒载体与 ADA 克隆基因进行重组，形成重组反转录病毒。再用 DNA 磷酸钙共沉淀技术将此重组反转录病毒载体导入到包装细胞系中，转导的包装细胞系以 G418 进行筛选，鉴定出分泌高滴度假病毒颗粒的包装细胞株，利用其上清感染亚香缇的外周血淋巴细胞，再将其回输到体内。结果，ADA 缺乏得到了逆转，T 细胞及 B 细胞得以正常发育，免疫系统得以重建。由于靶细胞应用的是外周血淋巴细胞，其寿命有限，因而对患儿又进行了第二次、第三次的基因治疗操作。经过 3 年的密切随访，发现患儿的免疫功能基本恢复健全，原来只能在无菌条件下才能生存的患儿，过上了正常健康人的

图1-14 健康地工作和生活

生活，能够轻松自在地进行户外活动：荡秋千、骑自行车和上学了。如今，已 33 岁的亚香缇早已顺利地念完了大学，健康地工作和活着（图 1-14）。这项临床基因治疗试验是人类医学史上的里程碑事件。

所谓基因治疗，是指利用分子生物学的方法，通过基因置换、基因修正、基因修饰、基因失活、引入新基因等手段，修正或补偿因基因缺陷和异常导致疾病的治疗措施。简单地说，基因治疗就是给 DNA "做手术"。目前，只允许进行体细胞基因治疗的探索。对生殖细胞的基因治疗是违反人类伦理的，是被禁止的。

基因治疗的基本理念有点类似我国传统的"吃啥补啥"观念，看似很简单。——"基因坏了？给我换呀！"——然而，基因可不是您想换就能轻而易举换的。"斩草除根"不容易啊！简单地说来，首先，只有那些明确了"一个基因一种病"的致死性、致残性单基因病，才有可能列入目前的基因治疗研究范围。而对于那些符合多基因遗传方式的常见病、多发病（如高血压、糖尿病、哮喘、癫痫、阿尔茨海默病、帕金森病、恶性肿瘤等），几乎是不可能进行基因治疗的。第二，怎样才能把正常的基因导入人体细胞，又让它精准地靶向结合到致病基因所在的染色体节段，替换致病基因的那一段有缺陷的 DNA？这可远远不像平时我们看病时打针那么容易！所以，遗传学家们要么采取了瞄准致病基因转录产生的 mRNA，通过 RNA 干扰等技术，摧毁致病 mRNA 分子，从而缓解疾病的策略；要么使用方兴未艾的"基因编辑"技术，通过"分子剪刀"（CRISPR/Cas9 等）修复致病基因。第三，人体是一个复杂的网络系统（network），人类对自身细胞代谢网络的了解尚远远不够。即使是目前认为的由单个基因突变所导致的单基因病，实际上也可能并非只涉及单个基因的问题。因此，基因治疗的安全性评估，仍然远远不能做到十全十美，但无论如何，方兴未艾的基因治疗是未来医学的希望。

第一章

基因与疾病举例

单基因病分为 4 种遗传方式：①常染色体显性遗传；②常染色体隐性遗传；③X－连锁显性遗传；④X－连锁隐性遗传。现代医学已经进入了精准医疗的时代。精准医学是以个性化医学为基础，以快速发展的基因组测序技术与生物信息与大数据科学交叉应用的新型医学概念与医疗模式，是医学科技发展的方向。

1 尿是黑的！——"精准医学之父" 加罗德（Garrod）与尿黑酸尿症

通常，根据缺陷蛋白对人体所产生的影响不同，把单基因病分为分子病和先天性代谢缺陷（或称酶蛋白病）两类。分子病是指由于基因突变使蛋白质的分子结构或合成的量异常，直接引起机体功能障碍的一类疾病。包括血红蛋白病、血浆蛋白病、受体病、膜转运蛋白病、结构蛋白缺陷病、免疫球蛋白缺陷病等；先天性代谢缺陷是指由于基因突变造成催化机体代谢反应的某种特定酶的缺陷，使得机体某些代谢反应受阻而间接地引发疾病，如苯丙酮尿症、葡糖-6-磷酸脱氢酶缺乏症、α_1-抗胰蛋白酶缺乏症等。实际上，所有的生化遗传病均为分子病。

先天性代谢缺陷一词是由伟大的英国内科医生加罗德（Archibald Edward Garrod，1857—1936）在仔细观察和研究了尿黑酸尿症等疾病之后，于1902年提出来的（图2-1）。首例尿黑酸尿症的报道时间是在1866年。尿黑酸尿症患者的尿色存在着明显的异常，刚排出时尿色正常，放置后迅速转为黑色。因此，尿黑酸尿症在婴儿期就能够被发现，因为婴儿在尿布上会留下特殊的颜色（图2-2）。尿黑酸尿症患者一般身体健康，只是在年老时特别容易出现褐黄病和关节炎。褐黄病即由于机体缺乏尿黑酸氧化酶，造成尿黑酸代谢异常，褐黄色色素颗粒沉着在真

图2-1 加罗德医生与尿黑尿酸症

皮、汗腺、软骨、韧带和肌腱，皮肤色素沉着以颊、前额、腋和生殖器部位最为明显。尿黑酸尿症在多米尼加、斯洛伐克、捷克、德国和美国相对多见，患病率为 1/250 000 ~ 1/1000 000。

加罗德在临床中发现，尿黑酸尿症的显著特征之一是患者排出的尿中含有大量的尿黑酸，日排出量达好几克。而

图2-2　儿童尿黑酸尿症

尿黑酸在正常人的尿液中并不存在。通过临床摄食试验，加罗德还发现，尿黑酸尿症患者排出的尿黑酸量会随着食用蛋白的量的增加而升高，尿黑酸的排泄也会由于摄食苯丙氨酸和酪氨酸的某些衍生物而增高。这些衍生物似乎可以看作是分解代谢的中间产物。他因而推测，尿黑酸虽然从未在组织中检出过，但它是苯丙氨酸和酪氨酸分解代谢的一种正常中间产物；尿黑酸尿症患者由于缺乏一种必需的酶（现在已知是尿黑酸1,2- 双氧化酶），从而阻断了尿黑酸的降解。加罗德认为，在正常个体中存在的尿黑酸是微量的，因为它形成快，降解也快；而在尿黑酸尿症患者中，尿黑酸不能进一步降解，往往在其代谢的主要场所——肝细胞中积聚起来，并渗入循环系统，然后大量排入尿中。

那么，引起这种代谢阻断发生的物质基础究竟是什么呢？为此，加罗德不辞辛劳地详细走访和调查了尿黑酸尿症患者的家族史。他惊奇地发现，虽然本病极为罕见，但总可以在家系中找出 1 例以上的患者，往往 2 个或几个兄弟姐妹同时患病，而患者的双亲和子代以及其他亲属却正常。另外，患者的双亲常常属于近亲结婚（如堂表兄妹），而家族中往往并没有患病的记录。在加罗德于 1901 年发现的 11 例患者中，至少有 3 例患者的双亲为堂表亲；于 1902 年发现的 10 个和 1908 年报告的 17 个家系中，分别有 6 个和 8 个家系中的患者的双亲为堂表亲，而同

一时期英国的堂表亲结婚发生率估计不超过 3 %。

　　由于尿黑酸尿症的家系如此特殊，加罗德推测这种病症具有先天性或遗传性基础。为此，他马上不耻下问虚心请教了剑桥大学教授、英国遗传学会主席贝特森（William Bateson，1861—1926）。当时，适逢孟德尔遗传定律刚刚被重新发现，不重视或不以为然的大人物比比皆是，但贝特森是在遗传学发展史的第一个十年中坚决捍卫、诠释、发展和推广孟德尔理论的核心人物，他敏锐地指出，尿黑酸尿症的这种现象完全可以用孟德尔定律加以解释。如果尿黑酸尿症是由一个罕见的孟德尔因子（即基因）所决定的，则分析和预测这些家系就会出现上述情况。即尿黑酸尿症的遗传方式与隐性遗传相符，患病个体是致病因子的纯合子。于是，加罗德得出结论：尿黑酸尿症绝非由病菌引起，也非因某种一般功能偶然失调所导致，而是由一种存在着双份异常的孟德尔因子（基因）所导致的某一种酶的先天性缺乏才引起的。孟德尔遗传因子（基因）可能以某种方式影响人体生化代谢途径的特定化学产物。

　　在临床工作中，加罗德先后遇到了 4 种与代谢异常有关的疾病：尿黑酸尿症、白化病、胱氨酸尿症和戊糖尿症。为了解释这类疾病的病因，他于 1902 年提出了"先天性代谢缺陷"这一概念。加罗德提出，这类疾病都是由某种酶的缺乏所导致的代谢障碍，故可统称为"代谢病"。

　　从此，尿黑酸尿症就作为人类隐性遗传的首例而载入了史册。加罗德关于尿黑酸尿症的论断于 1958 年被予以证实，致病基因 *HGD* 已被定位于 3q13.33。正是由于加罗德明察秋毫的观察力、科学的思维和严谨的学术作风，使他成为人类生化遗传学的创始人。他提出的"先天性代谢缺陷"概念远远地走在了时代的前面——加罗德和贝特森都与遗传学大师孟德尔一样，是超越其时代的人物。特别值得一提的是，加罗德也是最早提出"精准医学"概念的人，是当之无愧的"精准医学之父"！

2 不食人间烟火 ——苯丙酮尿症

　　呈常染色体隐性遗传的苯丙酮尿症是较为常见的先天性氨基酸代谢障碍，因患儿尿中含有大量的苯丙酮酸而得名。苯丙酮尿症分为典型型和四氢生物蝶呤（BH₄）缺乏型两类，几乎在各个种族或民族中均有病例报道。

　　典型的苯丙酮尿症是酶蛋白病的标志性疾病，由于定位于 12q23.2 上的苯丙氨酸羟化酶基因（*PAH*）的突变导致肝脏中缺乏苯丙氨酸羟化酶，使得苯丙氨酸不能转化为酪氨酸，以致苯丙氨酸及其酮酸在体内蓄积，随尿排出而患病，儿童患者可出现先天性智力残疾。

　　四氢生物蝶呤是苯丙氨酸羟化酶的辅酶。苯丙氨酸羟化为酪氨酸时，四氢生物蝶呤脱氢氧化生成二氢生物蝶呤，经 NADPH 供氢，又可还原为四氢生物蝶呤。四氢生物蝶呤缺乏型患者为合成酶或还原酶缺乏，不仅苯丙氨酸不能转化为酪氨酸，而且酪氨酸不能转化为多巴胺，色氨酸不能转化为 5- 羟色胺。多巴胺、5- 羟色胺均为重要的神经递质，缺乏可加重神经系统的损害，故症状更重。

　　智力发育滞后，皮肤和毛发色浅淡，汗液和尿液有鼠臭味是苯丙氨酸羟化酶缺乏症的特征性体征。本病对脑部所造成的损伤是渐进性的，刚出生的新生儿多无症状，3 ~ 4 个月后症状才会逐渐出现，包括呕吐，皮肤毛发颜色变淡，湿疹，生长发育迟缓，尿液和体汗有霉臭味，抽搐、颤抖等异常动作等。若不及时进行早期治疗，患儿将会产生严重的、不可逆转的智力障碍。因此，新生儿筛检是早期发现、早期治疗的最有效途径。

　　挪威的福林医生（Asbjorn Folling, 1888—1973）于 1934 年便报道了第 1 例苯丙酮尿症引起的智力残疾，故苯丙酮尿症又称为 Folling 病。

令人叹息的是，几十年过去了，苯丙氨酸升高而损伤大脑的确切神经病理学机制却仍然不详。幸运的是，典型苯丙酮尿症中的代谢阻滞所导致的神经损伤，可以通过避免饮食摄入苯丙氨酸（即用不含苯丙氨酸的奶粉喂养患儿）。因此，以干预某种酶底物和衍生物的积累为原理的苯丙酮尿症治疗已成为许多代谢疾病治疗的范例。在临床上，对新生儿进行高苯丙氨酸血症的筛查早已成为常规的项目。对出生 72 小时(哺乳 6 ~ 8 次以上) 的新生儿进行足跟采血，滴于专用滤纸片后晾干，送至筛查中心测定血苯丙氨酸浓度，再进行进一步的确诊。

临床上需要将 BH_4 代谢缺陷患者与苯丙氨酸羟化酶突变患者区分开来，因为两者的治疗完全不同。首先，BH_4 缺陷患者的苯丙氨酸羟化酶是正常的，若患者大量口服 BH_4，苯丙氨酸羟化酶活性可得以恢复，使得血苯丙氨酸水平下降。这就是遗传病的产物替代疗法的基本原理。因此，对患者饮食中的苯丙氨酸的限制可大大放松，甚至可以恢复正常饮食（不限制苯丙氨酸的摄入）。第二，通过控制 BH_4 代谢缺陷患者的酪氨酸羟化酶和色氨酸羟化酶的代谢产物(分别为左旋多巴和 5- 羟色胺)，可使得大脑神经递质正常化。

我们饮食中主要的营养之一就是蛋白质，蛋白质由各种不同的氨基酸组成。在人体的消化和代谢过程中，蛋白质分解为氨基酸，氨基酸再重新组合形成人体所需要的蛋白质，维持正常的生命代谢。苯丙氨酸是人体的必需氨基酸之一。所谓必需氨基酸是指人体不能合成或合成量太少远不能满足机体的需要，必须从食物中获得供给的氨基酸。除了苯丙氨酸，还有赖氨酸、亮氨酸、异亮氨酸、甲硫氨酸、苏氨酸、色氨酸、缬氨酸等 7 种。儿童生长必需的氨基酸还有精氨酸和组氨酸。在一般食物中，苯丙氨酸约占蛋白质所含的氨基酸总量的 5%，而肉类、蛋类、鱼类、豆类、面粉、大米甚至阿巴斯甜（人工增甜剂）等恰恰都是含苯丙氨酸最多的食物。因此，不幸的苯丙氨酸羟化酶缺乏造成的

苯丙酮尿症患者，基本上只能终生"不食人间烟火"，以不含苯丙氨酸的奶粉为饮食。目前，市面上常见的特殊奶粉包括 Lofenalac、Phenyl-Free、Phenex-1、Phenex-2、XP Analog、Anglog LCP、XP Maxamaid、XP Maxamum、Lophe-Milk S、Phenylalanine Free。

一般地，常染色体隐性遗传病的特征是：①由于致病基因位于常染色体上，因而致病基因的遗传与性别无关，即男女患病的机会均等；②患者的双亲表型往往正常，但都是致病基因的携带者；③患者的同胞有 1/4 的发病风险，患者表型正常的同胞中有 2/3 的可能为携带者；患者的子女一般不发病，但肯定都是携带者；④系谱中患者的分布往往是散发的，通常看不到连续传递现象，有时在整个系谱中甚至只有先证者一个患者；⑤近亲婚配时，后代的发病风险比随机婚配明显增高。这是由于他们有共同的祖先，可能会遗传到同一个隐性致病基因。——因此，从优生的角度看，《红楼梦》中贾宝玉和林黛玉的爱情故事一点都不悲剧。

3 与"郎"共舞
——马方综合征

2018 年 12 月 18 日，庆祝改革开放 40 周年大会在北京人民大会堂隆重举行。党中央、国务院授予"氢弹之父"于敏等 100 名改革开放杰出贡献人员"改革先锋"的光荣称号。在体育界的星辰大海中，仅有 3 人光荣入选。他们分别是，许海峰，中国奥运金牌第一人；郎平，中国女排 20 世纪 80 年代五连冠功勋球员，新世纪带领中国女排荣获世界杯和里约奥运会冠军、重登世界排坛峰顶的金牌教头；姚明，唯一被 NBA 选中的中国状元，首位进入 NBA 篮球名人堂的亚洲人。其中，被誉为"铁榔头"的郎平当选，实在是实至名归！因为以郎平为代表的中

国女排，是当代中华民族不畏困难、奋勇争先的伟大精神的象征。然而，这里却要说一说与郎平同时代，有"世界第一重炮手"美誉的前美国女排队长海曼（Flora Hyman，1954—1986）。

作为黑人选手的海曼身高 1.96 米，比郎平要高出 12 厘米。她身体素质好，弹跳力强，扣球凶狠有力，击球点高，防守和拦网都十分出色，作风顽强，是当时公认的世界女子排坛重扣手之一。但是，在蜚声国内外的著名中国女排教练袁伟民时代，海曼领衔的美国女排却从来没有在世界大赛上压倒过顽强的中国女排而取得世界冠军，特别是 1984 年在占有"天时、地利、人和"的美国本土洛杉矶市举行的第 23 届奥运会上。"既生瑜，何生亮？"美国女排在家门口都没有拿到奥运会冠军，请海曼作广告的大公司也就纷纷隐身。而海曼家里的人口较多，生活不富裕，基本上靠她打球挣钱养家糊口。因此，海曼无奈地含泪退出了美国女排，加入了日本籍，到大荣商号俱乐部队当了一名职业选手。不料，1986 年 1 月 24 日，海曼在排球场上猝然倒下，在紧急送往医院急救的途中停止了心跳，年仅 32 岁。尸检后才发现，原来"黑珍珠"海曼患有马方综合征（Marfan syndrome）！

马方综合征又称蜘蛛脚样指（趾）综合征（图 2-3），呈常染色体显性遗传。典型的常染色体显性遗传病的特征是：①由于致病基因位于常染色体上，因而致病基因的遗传与性别无关，即男女患病的机会均等；②患者双亲之一必为患者，致病基因由患病的亲代遗传而来，患者同胞的发病风险为 1/2。双亲无病时，子女一般不会患病（除非发生新的基因突变）；③患者的子代有 1/2 的发病可能；④家谱中通常连续几代都可能出现患者，即存在连续传递的现象。马方综合征最先由法国儿科医生安东尼·马方（Antoine Marfan，1858—1942）报道，最主要的临床特征是骨骼、心血管系统和眼"三联征"。患者给人的第一印象往往是身体瘦高、肢长，躯体上半（头顶到耻骨联合）与下半（耻骨联合到脚底）

身体瘦高，肢长

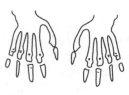

蜘蛛样指

心血管疾病

图2-3　马方综合征的临床表现

的比例降低；两臂伸长的长度大于身高，四肢细长，手指如蜘蛛样指；颅骨长而细，硬腭弓高，常见漏斗胸；眼部典型损害为晶状体异位。本病 60% ~ 80% 的患者在 30 ~ 40 岁左右出现心血管疾病，最常见的是二尖瓣机能障碍，心血管畸形常引起患者过早死亡。猝死于心血管病有关联的可怕并发症为破裂性主动脉瘤、主动脉窦破裂和二尖瓣腱索破裂等。显然，马方综合征患者必须避免剧烈运动，更不要谈从事什么职业体育！

　　除了海曼以外，2 次冬奥会冠军、4 次世界花样滑冰锦标赛冠军、俄罗斯选手谢尔盖·格林科夫（Sergei Grinkov，1967—1995），我国著名男排运动员朱刚（1971—2001），CBA 选手武强（1986—2009）、张佳迪（1988—2012）等均因罹患马方综合征而倒在自己心爱的赛场上。美国前总统亚伯拉罕·林肯（Abraham Lincoln，1809—1865）也被怀疑为马方综合征患者。根据罗贯中在长篇巨著《三国演义》中对蜀国皇帝刘备的描述："那人不甚好读书；性宽和，寡言语，喜怒不形于色；素有大志，专好结交天下豪杰；生得身长七尺五寸，两耳垂肩，双手过膝，

目能自顾其耳，面如冠玉，唇若涂脂；中山靖王刘胜之后，汉景帝阁下玄孙，姓刘，名备，字玄德。昔刘胜之子刘贞，汉武时封涿鹿亭侯，后坐酎金失侯，因此遗这一枝在涿县"，"两耳垂肩，双手过膝"的三国英雄刘备很可能也患有马方综合征。

显然，罹患马方综合征可是一件"麻烦"的事情！马方综合征的致病基因 *FBN1* 定位于 15q21.1。只有通过基因诊断辅助临床体检，才是防止漏诊、误诊、错诊疾病的精准途径，才能避免类似海曼一样的悲剧。例如，2013 年 10 月 31 日，从浙江稠州银行队转会至上海东方大鲨鱼队的年轻中锋张卓君（1991 出生），在体检时被查出患有马方综合征而及时进行了手术，并宣布其职业生涯就此划上句号。

4 眼睛里长出了金戒指
——肝豆状核变性

某一天，S 市某大医院急诊部收治了 1 例 54 岁的女性患者。患者陷入肝昏迷（即肝性脑病严重时造成意识丧失的状态）已多日；偶尔会苏醒，但表现为不能自我控制的手脚乱抖；可勉强张嘴说话，却发不出声。由于患者存在手脚震颤等症状，急诊部将她转入神经内科，以确定是否神经系统的疾病。体检和化验发现，该女性患者有严重的肝功能损害状况；血清铜蓝蛋白 0.07 g/L（正常值：0.2 ~ 2.0 g/L）；颅脑 CT 检查显示，大脑的状核区存在异常的低密度影，大脑皮层开始萎缩。通过裂隙灯检查，发现患者的眼白与眼黑之间存在着 1 个金色环状物——角膜色素环（"金戒指"）。由此诊断为肝豆状核变性。

肝豆状核变性是神经科最常见的常染色体隐性遗传病，因铜离子过剩而引起。致病基因 *ATP7B* 定位于 13q14.3。铜是人体内重要的稀有元

素之一，含量位于铁、锌之后。因此，体内缺铜不行；但铜是极具毒性的元素，多了也不行。*ATP7B* 发生突变之后，由于铜离子无法从胆汁中排出，其编码的铜转运 P 型 ATP 酶蛋白（ATP7B 酶）的功能减弱或丧失，导致血清铜蓝蛋白合成减少以及胆道排铜障碍，蓄积体内的铜离子在肝、脑、肾、角膜等部位沉积，导致进行性加重的肝硬化、锥体外系症状、精神症状、肾损害及角膜色素环（K-F 环）等。由于肝脏损害常常是本病的首发症状，而脑部病变以豆状核（位于脑岛深方的神经核）、尾状核（围绕背侧丘脑背外侧的弓形灰质团块）最为明显，故称本病为"肝豆状核变性"（图 2-4）。

本病的杂合子（携带者）频率高达 1/90，患病率约为 1/30 000，在

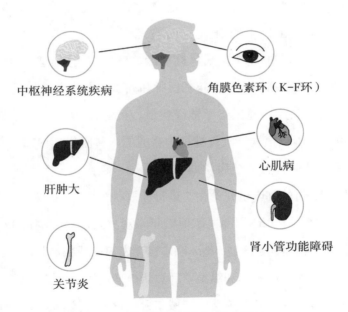

图2-4　肝豆状核变性（威尔逊病）

中国、日本、韩国、印度等亚洲国家相对较为多见，意大利撒丁岛最为常见。本病起病缓慢，逐渐发展，是一种进行性、致死性疾病，但也是至今少数几种可治的神经遗传病。例如，每天服用驱铜药物青霉胺等进

行治疗，即可长期保持无症状，获得与正常个体接近的生活质量和寿命。因此，对肝豆状核变性的早期诊断、早期治疗，是改善预后的关键。肝豆状核变性的英文术语为"hepatolenticular degeneration"，但在国外一般都用更为简单的"Wilson disease"（威尔逊病）称之。顾名思义，"威尔逊病"的命名，就是为了纪念现代神经病学的奠基人之一，英国医生塞缪尔·亚历山大·金尼尔·威尔逊（Samuel Alexander Kinnier Wilson，1878—1937）。

威尔逊生于美国新泽西州锡达维尔，具有爱尔兰－苏格兰血统。1岁时父亲不幸辞世，于是举家迁往苏格兰爱丁堡。1902年，威尔逊获得爱丁堡大学医学院医学学士学位；次年获得生理学硕士学位。随后，威尔逊赴法国巴黎Bicetre医院，在著名神经病学专家皮埃尔·玛里（Pierre Marie，1853—1940）和约瑟夫·巴宾斯基（Joseph Babinski，1857—1932）手下工作。1904年，威尔逊在伦敦皇后广场国立医院做专科住院医生，兼任病理科医师。在年长医师和同事的影响和鼓励下，威尔逊决心将自己的职业生涯定格于神经病学。虽然在那个年代，神经科医生的地位远远不受重视，仅仅被视为普通的内科医生。1912年，勤奋、心细的威尔逊在著名神经病学期刊 Brain（《脑》）第34卷第4期上发表了长达215页的临床研究论文"进行性豆状核变性：一种伴发肝硬化的家族性疾病"中，详细阐述了他数年来观察、诊治和随访12个肝豆状核变性家系的资料。这是 Brain 杂志迄今发表的篇幅最长的医学论文，也是人类第一次系统提出和纵览"肝豆状核变性"这一新的疾病，引起了业内的极大关注，并一举奠定了威尔逊在世界神经病学领域的权威地位。爱丁堡大学马上授予他医学博士学位，并颁发了金质奖章。

实际上，威尔逊的成就远不止仅仅首次报道了肝豆状核变性。他对癫痫、发作性睡病、失用症（apraxia）、言语障碍、运动及肌肉张力异常等疾病都有过深入的研究。"锥体外系"是指中枢内锥体系以

外并与躯体运动有关的传导径路，它们经多条径路中继（包括皮质和皮质下结构），最后终止于脊髓前角细胞或脑神经躯体运动核。威尔逊首次提出了"锥体外系疾病"的概念，涵盖帕金森病、帕金森综合征、肝豆状核变性、亨廷顿舞蹈症、肌阵挛、进行性核上性麻痹、肌张力障碍、抽动性疾病等。1920 年，他创刊了 *Journal of Neurology and Psychopathology*（《神经病学和精神病理学杂志》）。1933—1935 年，他担任了英国皇家医学会神经病学分会的会长。由于威尔逊还能熟练使用法语和德语，故他对神经病学的贡献较同期的其他英国神经科学学者更广为人知。1948 年，威尔逊曾任职了 33 年的皇后广场国立医院更名为"国立神经疾病医院"。

5 月亮的孩子
——白化病

在现实生活中，我们有时会发现这样一些孩子或大人，他们和我们不一样，不是黑眼睛、黑头发、黄皮肤，而是雪白的头发和皮肤，并总是戴着墨镜，几乎把身体包严实了。——注意，他们可不是混血儿，不要用奇怪的目光打量他们，不要不礼貌地指指点点！——只是因为，他们患有白化病，属于"月亮的孩子"。

世界上有三大种族（人种）：蒙古人种（即黄色人种）、高加索人种（即白色人种）和尼格罗人种（即黑色人种）。"种族"或"人种"是指根据体质上某些能遗传的性状而划分的人群。人类的各种性状一方面受到遗传因素的影响，另一方面又受到环境因素的作用。因而世界上不同的人群有着不同的基因频率，从而产生了人种的差别。"民族"则是一个社会学概念，指人们在历史上形成的有共同语言、共同地域、共同经济生

活以及表现于共同文化上的共同心理素质的稳定的共同体。例如，汉族属于黄色人种。蒙古人种的肤色一般呈黄色或黄褐色，尼格罗人种的肤色一般为暗褐色、巧克力色或黑色，都是皮肤黑素沉积的结果。黑素是位于机体细胞内的一种高分子生物色素，由酪氨酸在酪氨酸酶的作用下转化而成。酪氨酸在黑素细胞中先氧化为多巴，再氧化聚合，形成褐色的颗粒。黑素存在于皮肤、毛发等处。

白化病患者由于酪氨酸酶缺乏或功能减退，导致皮肤及附属器官的黑素合成或加工异常，表现为全身皮肤、毛发以及眼黑素缺乏或减少，皮肤及其体毛呈白色或黄白色，视网膜无色素，虹膜和瞳孔呈淡粉色，畏光。实际上，白化病是具有色素缺乏表现的一类遗传病的总称，可见于各个种族或民族，白化病是最早被公认的遗传病之一。早在 16 ~ 18 世纪，某些探险者、旅游者，例如莱昂内尔·华夫（Lionel Wafer），已经在地球的多个地方发现了白化病。白化病的分类较为复杂，临床容易混淆，应根据不同致病基因的突变进行鉴别诊断。依据所受累组织的不同，白化病可分为病变限于皮肤和眼的眼皮肤白化病，以及病变仅限于眼的眼白化病。

皮肤白化病呈常染色体隐性遗传方式，发病率约为 1/17 000，又可分为眼皮肤白化病 1 型、2 型、3 型、4 型、5 型、6 型和 7 型。眼皮肤白化病 1 型最为常见，致病基因为 *TYR*（11q14.3）；2 型多发于尼日利亚的伊博人中，致病基因为 *OCA2*（15q12-q13）或 *MC1R*（16q24.3）；3 型又称为红褐色眼皮肤白化病，多见于非洲，致病基因为 *TYRP1*（9p23）；4 型占日本白化病患者的 27%，致病基因为 *SLC45A2*（5p13.2）；5 型迄今仅报道了 1 个巴基斯坦近亲婚配的家系，致病基因尚未克隆，仅定位于 4q24；6 型在中国、欧洲、几内亚、中东都有患者，致病基因为 *SLC24A5*（15q21.1）；7 型首报于丹麦法罗群岛的 1 个近亲婚配家系，致病基因为 *LRMDA*（10q22.2-q22.3）。

眼白化病呈 X- 连锁遗传方式，发病率为 1/50 000 ~ 1/60 000，多发于女性，临床症状相对较轻，但常伴发某些眼外症状，如感音神经性耳聋、常染色体隐性遗传的感音神经性耳聋、先天性上颌骨畸形等。眼白化病的致病基因为 *GPR143*（Xp22.2）。

白化病无有效治疗方法，只能以对症治疗为主。由于 B 超影像是黑白的，无法分辨胎儿的肤色，因而产前 DNA 诊断是预防白化病患儿出生的重要手段。

6 黏宝宝 ——黏多糖贮积症

溶酶体是人体细胞中被单层膜所包围的消化性细胞器，包含十几种酸性水解酶，是细胞内大分子降解的主要场所。如果溶酶体中参与水解糖胺聚糖的酶发生缺失，则会导致一组遗传病——黏多糖贮积症。糖胺聚糖是一类由氨基糖、糖醛酸二糖单元重复排列构成的直链多糖，是蛋白聚糖多糖侧链的组分。糖胺聚糖包括透明质酸、硫酸软骨素、硫酸角质素、硫酸皮肤素、肝素和硫酸乙酰肝素等，是构成人体结缔组织（如皮肤、骨骼、韧带、血管壁、角膜和脏器等支撑结构）的主要成分。糖胺聚糖属于多糖类，具有黏稠状的特质，因而俗称"黏多糖"。故黏多糖贮积症患者常常被昵称为"黏宝宝"。

根据所缺乏的酶的种类不同，可将黏多糖贮积症划分为不同的临床亚型。除了 2 型呈 X- 连锁隐性遗传外，其余亚型均为常染色体隐性遗传（表 2-1）。

表 2-1　黏多糖贮积症的分类

亚型	缺乏的酶	致病基因/定位	主要临床特征
1型 H 亚型 （Hurler 综合征）	α-L-艾杜糖苷酶	*IDUA*/4p16.3	多发性骨发育不全，发育迟缓，角膜混浊
1型 S 亚型 （Scheie 综合征）	α-L-艾杜糖苷酶	*IDUA*/4p16.3	关节僵硬，发育正常
2型 （Hunter 综合征）	艾杜糖醛酸硫酸酯酶	*IDS*/Xq28	与 Hurler 综合征相似，但无角膜混浊
3型 （Sanfilippo 综合征）			
3型 A 亚型	肝素-N-硫酸酯酶	*SGSH*/17q25.3	进行性精神发育迟缓
3型 B 亚型	α-N-乙酰葡萄糖胺酶	*NAGLU*/17q21.2	同上
3型 C 亚型	乙酰辅酶 A：α-葡萄糖胺酶	*HGSNAT*/8p11.2-p11.1	同上
3型 D 亚型	N-乙酰葡萄糖胺-6-硫酸酯酶	*GNS*/12q14.3	同上
4型 （Morquio 综合征）			
4型 A 亚型	N-乙酰半乳糖胺-6-硫酸酯酶	*GALNS*/16q24.3	骨骼异常
4型 B 亚型	β-半乳糖苷酶	*GLB1*/3p22.3	身材矮小
6型 （Maroteaux-Lamy 综合征）	N-乙酰半乳糖胺-4-硫酸酯酶	*ARSB*/5q14.1	多发性骨发育不全，精神发育正常
7型 （Sly 综合征）	β-葡糖醛酸糖苷酶	*GUSB*/7q11.21	多发性骨发育不全，角膜混浊
9型	透明质酸酶	*HYAL1*/3p21.31	软组织肿块，身材矮小

虽然各个亚型之间的外表症状不同，但却有共同之处。例如，最严重的黏多糖贮积症——1型黏多糖贮积症（又称Hurler综合征）患儿，出生时一般无明显的颜面特征，可能有脐疝和腹股沟疝；婴儿期出现反复发作的呼吸道感染；半岁后可见脊柱后凸；1岁左右逐渐出现粗糙面容，角膜浑浊，关节僵硬，肝脾大等症状；1岁半左右智力发育明显迟滞；2～3岁线性生长停止，智力障碍趋于严重；一般在10岁以内死于心脏、呼吸衰竭。通常会轻易发现，1型患儿的外表特征是：头颅较大，前额突出，宽鼻、鼻梁扁，唇厚、舌大，舌常伸出口外，头发及眉毛浓厚，体毛较密，"浓眉大眼"，个矮，肝脾大。而这些特征与最常见的黏多糖贮积症——2型黏多糖贮积症（又称Hunter综合征）极为相似，但不同的是，2型患儿的角膜没有明显浑浊，病情进展稍慢，有多动及攻击性行为，皮肤结节状或鹅卵石样改变（以肩胛部、上臂及大腿两侧最为明显）。目前，国家药品监督管理局药品评审中心公布的《临床急需境外新药名单》中，便包含了多种治疗黏多糖贮积症的药物。

在我国，2型黏多糖贮积症最为常见，4型次之。因此，如果1个孩子脸大、鼻大，您千万不要以为这是福气大的象征，没准孩子就是个"黏宝宝"。快去检测一下相关基因吧！

7 长不高，不是维生素D的"罪过"——抗维生素D佝偻病

几乎没有人不知道"维生素"这个名词的。顾名思义，维生素是一类在体内含量极微的维持人体生长和代谢所必需的有机物，是保持人体健康的重要活性物质。人和动物如果缺乏维生素，则不能正常生长，并发生特异性病变，即所谓维生素缺乏症。维生素分为脂溶性维生素和水

溶性维生素两大类。脂溶性维生素有维生素 A、维生素 D、维生素 E、维生素 K 等，水溶性维生素包括 B 族维生素和维生素 C。

维生素 D 是能呈现胆钙化固醇（维生素 D_3）生物活性的所有类固醇的总称，以维生素 D_2 和维生素 D_3 最为常见。维生素 D 影响人体对钙、磷的吸收和贮存，可预防、治疗佝偻病和骨软化症。人们常常习惯于补钙、补充维生素 D，就是这个道理。维生素 D 缺乏性佝偻病是指缺乏维生素 D 引起钙、磷代谢失常的一种慢性营养性疾病，多见于 2 岁以内的婴幼儿，主要表现为生长较快部位的骨骼改变、肌肉松弛和易惊等。但是，在临床上，抗维生素 D 佝偻病可是与维生素 D 没有关系的！

抗维生素 D 佝偻病的正确名称是"低磷酸血症佝偻病"，是一种遗传性低磷性佝偻病，呈 X- 连锁显性遗传方式。如果没有明确的家族史，患儿多在开始走路、骨骼逐渐负重后才被发现，最先出现的症状为 O 或 X 形腿。主要临床表现为：身材矮小，上下部量比例异常，身高常常不及同龄儿童的一半；骨骼畸形，多发生于膝关节附近，可表现为膝内翻、膝外翻、胫骨扭转、胫骨股骨弯曲等；牙齿常有牙脓肿、釉质发育不全、牙髓腔扩大等异常；成人可有听力受损，可能与内耳及耳软骨囊骨化不良有关（图 2-5）。

本病的病因在于患儿由于肾小管对磷酸盐的再吸收障碍。在新生儿期即可检测出低磷酸盐血症，碱性磷酸酶活性在出生 1 个月即升高。患儿多于 1 周岁左右发病。与一般佝偻病不同的是，患者并不表现出肌病、抽搐和低钙血症。因此，患者对维生素 D 无反应，大剂量的维生素 D 治疗不能纠正患儿的生长发育异常。由于本病为 X- 连锁显性遗传，故女性患者多于男性患者（通常人数在 2 倍以上），多为杂合子，但女性患者病情较轻，常常只有低磷酸盐血症，没有明显的佝偻病骨骼变化。

抗维生素 D 佝偻病由位于 X 染色体上的 *PHEX* 基因（即磷酸盐调控内肽酶同系物基因。Xp22.11。含 18 个外显子）的失活突变所致。

图2-5　抗维生素D佝偻病的临床表现

PHEX 基因主要表达于骨细胞，在基质矿化过程中有重要作用。*PHEX* 蛋白失活导致成纤维细胞生长因子 23 合成与分泌增多，肾小管重吸收磷减少，尿磷排泄增加，血磷下降。

X- 连锁显性遗传病的致病显性突变基因在 X 染色体上，只要 1 条 X 染色体上存在突变基因（即女性杂合子或男性半合子）即可致病。男性患者（X^AY）与正常女性（XX）婚配，由于交叉遗传，男性患者的致病基因将传给女儿，而不会传给儿子，故女儿均为患者，儿子全部正常；女性杂合子患者（X^AX）与正常男性（XY）婚配，子女中各有 1/2 的风险发病。

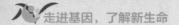

8 风驰电掣的法拉利赛车
——进行性假肥大性肌营养不良

1898 年 2 月 18 日，在意大利传统的工业、农业重镇，意大利最安全的风景游览胜地和最重要的历史文化名城之一，拥有意大利"美食天堂"、"引擎之都"美誉的北部城市——莫德纳（Modena）的一位铁匠家中，诞生了一个男孩。他出生那天大雪弥漫，直到 2 天以后才得以申报姓名，落上户口。谁也不会想到，日后"恩佐·法拉利"这个名字，与一个享誉世界各地、旷世知名的汽车品牌"法拉利"联系在一起，就像奔驰、福特、保时捷等人一样！他就是"赛车之父"：恩佐·法拉利（Enzo Ferrari，1898—1988）。汽车行业不大崇尚个人崇拜，但恩佐·法拉利除外。在世人的眼里，他与"智能手机之父"史蒂夫·乔布斯一样严苛，与法国皇帝拿破仑一样无情。恩佐·法拉利的一生充满了爱情、死亡、野心、赛车、忠诚、背叛、创新、鲜血、汗水和眼泪。其中，他最为痛心的事情就是失去了宝贝的大儿子阿尔弗雷多·法拉利（Alfredo Ferrari，1932—1956）。

原来，阿尔弗雷多罹患有进行性假肥大性肌营养不良（Duchenne muscular dystrophy，DMD）。DMD 是最常见的 X- 连锁隐性致死性遗传病之一，群体发病率高达 1/（3 500 男性活婴）。DMD 最初是由意大利那不勒斯的内科医生乔瓦尼·塞莫拉（Giovanni Semmola）和加埃塔诺·孔蒂（Gaetano Conte）分别于 1834 和 1836 年首次报道，但却以法国神经学家纪尧姆·迪谢内（Guillaume Duchenne，1806—1875）的名字命名。迪谢内博士在 1861 年出版的《大脑因素引起的儿童肥大性截瘫》一书中，详细描述了 1 例男孩患者。一年后（1861 年），迪谢内在《病理照片专辑》一书中，又发表了患儿的照片。1868 年，

迪谢内进一步报道了 13 例患儿的病历资料。迪谢内也是第一位从患者身上切取病理组织，进行切片活检显微分析的学者。

图2-6 进行性假肥大性肌营养不良（DMD）

DMD 的典型临床特征包括进行性肌萎缩和肌无力伴小腿腓肠肌假性肥大，主要累及男性。本病的起病年龄为 3 ~ 5 岁，初始症状表现为爬楼梯困难，特殊的爬起、站立姿势（称为 Gowers 征）；发病后进展迅速，一般在 12 岁之前丧失站立和行走的能力，最后因心肌和呼吸肌无力于 20 岁前死于心力衰竭或呼吸衰竭（图 2-6）。

致病基因 *DMD* 定位于 Xp21.2-p21.1，长约 2500 kb，包含 79 个外显子，是迄今已知最长的人类基因。*DMD* 编码一条相对分子质量为 427 000 的多肽链，称为肌养蛋白（dystrophin）。肌养蛋白主要分布于骨骼肌和心肌细胞中，对维持肌细胞膜的结构完整性具有非常重要的作用。*DMD* 基因发生突变，导致肌养蛋白功能缺陷，肌细胞膜受损，细胞内的成分逸出以及钙离子内流，最终造成肌肉组织发生炎性损伤，肌肉组织变性、坏死，脂肪及结缔组织增生。基因突变形式多为缺失突变，缺失主要发生于 *DMD* 基因的 5′- 端或中央区域，导致肌养蛋白无法正常合成。另外，DMD 疾病的发生有 1/3 为新基因突变所引起，2/3 因双亲的遗传所致。

目前，DMD 仍无治愈手段，需要通过遗传、呼吸、循环、康复、整形、社会心理、营养等多学科的联合诊治。近年来，DMD 在药物治疗、基因治疗等方面均取得了重大进展。2016 年，美国食品与药品监督管理局（FDA）批准了基因治疗药物 Eteplirsen（商品名：Exondys51）用于

治疗 DMD 的亚型即第 51 外显子跳读型（exon skipping）患者；2017 年，FDA 批准了地夫可特（商品名：Emflaza）用于治疗 5 岁以上的 DMD 患者。采用 CRISPR/Cas9 基因编辑技术进行 DMD 基因治疗的研究，也已在小鼠、狗等动物身上取得了成功。

9 皇室也有遗传病 ——血友病

一谈到遗传病，普通人总认为属于"罕见"病类，现实生活中很少会碰到。其实，遗传病患者一点儿也不少见。以血友病为例，本病曾在欧洲好些国家的皇族中长期流行，被称为"皇室病"（图 2-7）。

血友病属于较为常见的血浆蛋白病。所谓血浆蛋白病是指血浆蛋白遗传性缺陷所引起的一组疾病。其中，血友病（hemophilia）是一类缺乏凝血因子引起血浆凝结时间延长的出血性遗传病，包括血友病 A（又

图2-7 血友病：受到外界刺激出血，血液就不能凝固

称凝血因子 VIII 缺乏症，即传统所称的血友病）、血友病 B（又称凝血因子 IX 缺乏症、PTC 缺乏症）及血友病 C（又称凝血因子 XI 缺乏症、PTA 缺乏症）。

血友病 A 是血浆中第 8 凝血因子缺乏所致的 X- 连锁隐性遗传的凝血障碍性疾病。男性发生率较高（1/5 000），约占血友病总数的 85%。血友病 A 在临床上主要表现为反复自发性或轻微损伤后出血不止和出血引起的压迫症状和并发症；一般多为缓慢持续性出血。出血部位广泛，体表和体内任何部分均可出血，可累积皮肤、黏膜、肌肉或器官等，关节多次出血可导致关节变形，颅内出血可导致死亡。血友病 A 的致病基因 *F8* 位于 Xq28，长约 186 kb，几乎占了 X 染色体总长的 0.1%，由 26 个外显子组成。*F8* 基因的突变具有高度的遗传异质性，已发现的致病性突变超过 3 000 多种，涉及到分子重排、缺失、核苷酸置换、插入和移码突变。

在历史上，19 世纪的英国维多利亚女王家族就是一个著名的"出血病"家族。维多利亚一世女王又被称为欧洲的皇祖母，作为血友病 A 基因的携带者（本人无症状），她的 9 个子女中有 2 个女儿携带血友病致病基因，1 个儿子为血友病患者，通过联姻，这种遗传病被广泛传播到俄国、西班牙等欧洲皇室。

目前，血友病 A 的预防主要是产前诊断，减少患儿出生。输入第 8 凝血因子进行替代是本病的主要治疗方法，但长期的第 8 凝血因子替代治疗可产生同种异体抗体，影响治疗效果。基因治疗的研究尚在进行之中。

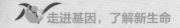

10 不能吃蚕豆的人
——G6PD缺乏症

在哲学上，"毕达哥拉斯学派"是指公元前6世纪末至公元前5世纪一个集政治、学术、宗教三位于一体的组织，因由古希腊哲学家毕达哥拉斯（Pythagoras of Samos，约公元前570—公元前495）创立而得名。有趣的是，早在公元前500年，毕达哥拉斯就曾严厉警告他的信徒不要吃蚕豆，以避免中毒的危险。后来，在疟疾猖獗的年代，有人注意到，某些个体在服用了磺胺类药物、抗疟疾药物（伯氨喹、奎宁、呋喃类等）之后会出现昏迷、黄疸、贫血等急性溶血的症状。仔细观察后还会发现，这类问题会出现在某些特定的家族中，而且以男性的比例为高。这到底是怎么一回事？原来，某些人之所以有上述病症，是因为体内缺乏了一种重要的催化戊糖磷酸途径的酶——葡糖-6-磷酸脱氢酶（glucose-6-phosphate dehydrogenase，G6PD）。因此，G6PD缺乏症又俗称为"蚕豆病"（图2-8）。

图2-8　G6PD缺乏症（蚕豆病）

糖酵解（glycolysis）是指蔗糖、葡萄糖或果糖在细胞质内经过一系列生化反应形成丙酮酸的过程。这一过程不需氧的参与，是有氧呼吸和无氧呼吸都要经过的途径。红细胞内的糖代谢以无氧酵解为主，但也有少量的是通过戊糖磷酸途径（又称磷酸己糖支路、葡糖酸磷酸支路）。所谓戊糖磷酸途径是指在人体细胞中除糖酵解－三羧酸循环外的另一条有氧呼吸途径。在该途径中，磷酸己糖先氧化脱羧形成磷酸戊糖及还原型烟酰胺腺嘌呤二核苷酸磷酸（NADPH），戊糖磷酸又可重排转变为多种磷酸糖酯；NADPH 则参与脂质等的合成，戊糖磷酸是核糖的来源，参与核苷酸等合成。G6PD 是戊糖磷酸代谢途径中的第一个酶，也是第一个限速酶。它催化葡糖 -6- 磷酸生成 6- 磷酸葡萄糖酸内酯，同时生成 NADPH。NADPH 作为供氢体，参与体内的多种代谢反应，其作用之一是维持谷胱甘肽的还原状态。还原型谷胱甘肽可以将机体在生物氧化过程中产生的过氧化氢（H_2O_2）还原为水（H_2O），避免了组织、细胞的氧化性损伤。而 G6PD 缺乏症患者由于 G6PD 的活性降低，红细胞内葡萄糖通过戊糖磷酸途径的代谢发生障碍，不能产生足够的 NADPH，影响谷胱甘肽的生成，导致 H_2O_2 堆积，致使红细胞膜遭受氧化性损伤；同时，H_2O_2 等过氧化物含量增加，使得血红蛋白 β－链第 93 位的半胱氨酸的巯基氧化，造成血红蛋白的 4 条肽链解开，血红蛋白变性成为 Heinz 小体，含有 Heinz 小体的红细胞变形性较低，不易通过脾或肝窦而被阻留破坏，最终引起血管内和血管外溶血。显然，作为体内输送氧气的运输工具——红细胞在接触到氧化剂时，若没有 G6PD 的保护而遭到损伤，就会大量溶血。人体流血是血液流失到体外去，而溶血却是发生在体内。被破坏的红细胞堆积在身体内，在处理这些红细胞"尸体"时，人体将产生大量的胆红素，故患者会出现黄疸现象。在新生儿期，黄疸太高可引起高胆红素血症，严重者可破坏脑神经，由此产生的后遗症会造成无法挽救的遗憾。

G6PD 缺乏症为 X- 连锁不完全显性遗传病。致病基因 *G6PD* 定位于 Xq28。男性半合子发病，女性杂合子可能具有不同的表现度（expressivity）。酶学检测的手段不能检出 G6PD 酶活性正常的女性杂合子，基因诊断是检出女性杂合子的有效方法。

值得一提的是，G6PD 缺乏症为世界性疾病，几乎所有的种族或民族都存在这种缺陷，估计全世界有 4 亿人口受累，但各地区人群的发病率与等位基因频率差别较大。本病相对集中于非洲、地中海沿岸、中近东及东南亚、美洲黑人、中美洲及南美洲某些印第安人。在我国，发病率呈南高北低的特点，主要分布在黄河流域以南各省，尤以广东、广西、贵州、云南和四川等省发生率较高，为 5%～20%，其中广东汉族人可达 8.6%；北方各省则较为少见。

参考文献

［1］ www.termonline.cn

［2］ www.omim.org

［3］ https://www.fda.gov/news-events/press-announcements/fda-approves-innovative-gene-therapy-treat-pediatric-patients-spinal-muscular-atrophy-rare-disease

［4］ 杜传书主编.医学遗传学（第3版）.北京：人民卫生出版社,2014.

［5］ 高翼之.遗传学第一个十年中的 W. 贝特森.遗传.2001; 23（3）：251-254.

［6］ 高翼之.纪念徐道觉先生.国外医学遗传学分册.2004; 27（5）：261-262.

［7］ 郭晓强.简悦威.遗传.2008；30（3）：255-256.

［8］ 郭晓强.医学遗传学之父——维克多·奥蒙·麦库斯克.自然杂志.2009; 32（2）：120-124.

［9］ 范笑天.儿童罕见病调查.北京：人民日报出版社,2016.

［10］ 罗洪,罗静初.一颗被埋没的珍珠——纪念罗莎琳·富兰克林.遗传.2003; 25（3）：247-248.

［11］ 饶毅.孤独的天才.科学文化评论.2010; 7（5）：90-106.

［12］ 谈家桢.为纪念孟德尔逝世一百周年而作.遗传.1984; 6（1）:1-2.

［13］ 沃森著,刘望夷等译.双螺旋——发现 DNA 结构的故事.北京：科学出版社,1984.

［14］ 邬玲仟，张学主编 . 医学遗传学 (住院医师规范化培训教材). 北京：人民卫生出版社，2016.

［15］ 谢德秋 . 遗传·疾病·优生： 遗传病漫话 . 上海：上海科学技术出版社，1983.

［16］ 谢德秋 . 健康生育与遗传 . 上海：上海科学技术出版社，2005.

［17］ 张咸宁，刘雯，吴白燕主编 . 医学遗传学（第 8 版）. 北京：北京大学医学出版社，2016.

［18］ 张咸宁，杨玲主编 . 医学遗传学学习指导与习题集（第 4 版）. 北京：人民卫生出版社，2018.

［19］ 左伋主编 . 医学遗传学（第 7 版）. 北京：人民卫生出版社，2018.

［20］ Blue GM, Kirk EP, Giannoulatou E, et al. Advances in the genetics of congenital heart disease：A clinician's guide. J Am Coll Cardiol. 2017; 69（7）：859−870.

［21］ Broussolle E, Trocello JM, Woimant F, et al. Samuel Alexander Kinnier Wilson. Wilson's disease, Queen Square and neurology. Rev Neurol（Paris）. 2013;169（12）：927−935.

［22］ Chiu LS. When a Gene Makes You Smell Like a Fish. Oxford：Oxford University Press, 2006.

［23］ Edelson E. Gregor Mendel and the Roots of Genetics. Oxford：Oxford University Press, 1999.

［24］ Emery AEH, Muntoni F, Quinlivan R. Duchenne Muscular Dystrophy, 4th ed. Oxford：Oxford University Press, 2015.

［25］ Firth HV, Hurst JA. Oxford Desk Reference：Clinical Genetics and Genomics, 2nd ed. Oxford：Oxford University Press, 2017.

［26］ Gardner RJM, Amor DJ. Gardner and Sutherland's Chromosome Abnormalities and Genetic Counseling, 5th ed. Oxford：Oxford

University Press, 2018.

[27] Harper PS. William Bateson, human genetics and medicine. Hum Genet. 2005; 118（1）：141−151.

[28] Hartwell L, Goldberg M, Fischer J., Hood L. Genetics：From Genes to Genomes. 6th ed. New York：McGraw-Hill Education, 2018.

[29] Jarvik GP, King MC. Arno G. Motulsky（1923−2018）：A founder of medical genetics, creator of pharmacogenetics, and former ASHG president. Am J Hum Genet. 2018;102（3）：335−339.

[30] Kato GJ, Piel FB, Reid CD, et al. Sickle cell disease. Nat Rev Dis Primers. 2018; 4：18010.

[31] Krebs JE, Goldstein ES, Kilpatrick ST. Lewin's genes XII. Burlington：Jones & Bartlett Learning, 2018.

[32] Landau M. Yuk-Ming Dennis Lo. Clin Chem. 2012; 58（4）：784−786.

[33] Maddox B. Rosalind Franklin：the dark lady of DNA. London：Harper Collins, 2003.

[34] McKusick VA. The royal hemophilia. Sci Am. 1965;213（2）：88−95.

[35] McKusick VA. A 60-year tale of spots, maps, and genes. Annu Rev Genomics Hum Genet. 2006;7：1−27.

[36] Motulsky AG, King MC. The great adventure of an American human geneticist. Annu Rev Genomics Hum Genet. 2016;17：1−15.

[37] Passarge E. Color Atlas of Genetics. 5th ed. Stuttgart：Georg Thieme Verlag KG, 2018.

[38] Pathak S. T.C. Hsu：In memory of a rare scientist. Cytogenet Genome Res. 2004; 105（1）：1−3.

[39] Perlman RL, Govindaraju DR. Archibald E. Garrod：the father of

precision medicine. Genet Med. 2016; 18（11）: 1088−1089.

[40] Prasad C, Galbraith PA. Sir Archibald Garrod and alkaptonuria – 'story of metabolic genetics'. Clin Genet. 2005; 68（3）: 199−203.

[41] Pyeritz RE, Korf BR, Grody WW. Emery and Rimoin's Principles and Practice of Medical Genetics and Genomics : Foundations. 7th ed. London : Academic Press, 2019.

[42] Roll-Hansen N. Commentary : Wilhelm Johannsen and the problem of heredity at the turn of the 19th century. Int J Epidemiol. 2014; 43（4）: 1007−1013.

[43] Scriver CR. Garrod's foresight; our hindsight. J Inherit Metab Dis. 2001; 24（2）: 93−116.

[44] Sybert VP. Genetic Skin Disorders,3rd ed. Oxford : Oxford University Press, 2017.

[45] Tercyak KP. Handbook of Genomics and the Family : Psychosocial Context for Children and Adolescents. New York : Springer, 2010.

[46] Viegas J. Profile of Dennis Lo. Proc Natl Acad Sci U S A. 2013; 110（47）: 18742−18743.

[47] Wallace DC. Mitochondrial genetic medicine. Nat Genet. 2018; 50（12）: 1642−1649.

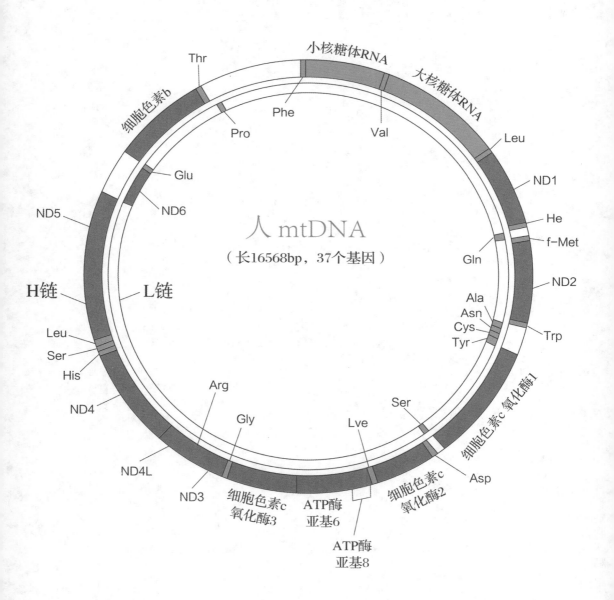

人 mtDNA

（长16568bp，37个基因）

附录 2：人类染色体上已定位的疾病基因

长 263Mb（百万碱基对），> 1072 个基因

1 号染色体

多种白内障亚型
恶性转移抑制基因
Ehlers–Danlos 综合征脊柱后侧凸 1 型
3 型原发性婴幼儿 B 型青光眼
先天性巨结肠症、心脏畸形和自主神经功能障碍
1 型 Schwartz–Jampel 综合征
儿童低磷酸酯酶症
乳腺癌易感基因
皮肤恶性黑素瘤
p73 蛋白（p53 相关蛋白）
5-羟色胺受体 1D 和 6
Schnyer 晶状体角膜营养不良
婴儿型遗传性粒细胞缺乏症
肺癌衍生的致癌基因 MYC
常染色体显性耳聋
卟啉症
2 型多发性骨骺发育不良
椎间盘病易感基因
非霍奇金淋巴瘤
浸润性导管内乳腺癌
结肠癌易感基因
2 型枫糖尿病
房室通道缺陷
氟脲嘧啶毒性敏感
Zellweger 综合征
2 型 Stickler 综合征
Marshall 综合征
1 型 Stargardt 病
视网膜色素变性
锥–杆营养不良
2 型年龄相关性黄斑变性
黄点状眼底
非甲状腺肿的甲状腺机能减退
多发性外生骨疣
嗜铬细胞瘤易感基因
银屑病易感基因 7
常染色体显性肢带型肌营养不良
致密骨发育不全症
Vohwinkel 综合征伴发鱼鳞病
进行性对称性红斑角化病
溶血性贫血
1 型椭圆形红细胞增多症
热异形红细胞增多症
隐性球形红细胞贫血症
精神分裂症易感基因
系统性红斑狼疮易感基因
家族性偏瘫性偏头痛
Emery–Dreifuss 肌营养不良（常显和常隐）
1A 扩张型心肌病
家族部分性脂肪营养不良
骨磷脂 p 相关的 Dejerine–Sottas 病
先天性髓鞘发育不良
常染色体显性纤维状肌病
敏感性系统性红斑狼疮
同种免疫新生儿中性粒细胞减少症
复发性病毒感染
抗凝血酶 Ⅲ 缺乏症
易感动脉硬化症
青光眼易感基因
肿瘤坏死因子配体超家族成员 18 和 4
肾病综合征
干燥综合征易感基因
凝血因子不足症
Alzheimer 病易感基因
心肌病
H 因子不足
膜增生性肾小球肾炎
溶血性尿毒症
慢性低补体血性肾小球肾炎
非 Herlitz 型交界性大疱性表皮松解症易感基因（LAMC2）
腿弯部翼状胬肉综合征
外胚层发育不良／皮肤脆性综合征
2A 型 Usher 综合征
Kenny–Caffey 综合征
苯妥英钠毒性易感基因

同型胱氨酸尿症
神经母细胞瘤易感基因
胞状横纹肌肉瘤
神经母细胞瘤候选基因区
多发性外生疣
阿片受体 81
2 型高脯氨酸血症
3 型 Bartter 综合征
1 型遗传性前列腺癌
髓母细胞瘤易感基因
进行性神经性腓骨肌萎缩症轴突性 2A1 型
先天性肌肉萎缩
可变性红斑皮肤角化病
常染色体显隐性耳聋
葡萄糖转运缺陷，血脑障
家族性高胆固醇血症修饰基因
副肿瘤性感觉性神经病
肌–眼–脑病
体细胞型髓母细胞瘤
基底细胞癌
胶滴状角膜营养不良
2 型 Leber 先天性黑矇
视网膜营养不良
B 细胞淋巴瘤
黏膜相关淋巴组织、囊泡瘤
间皮瘤
生殖细胞瘤
Sezary 综合征易感基因
结直肠癌易感基因
神经母细胞瘤易感基因
3 型糖原贮积症
致密性成骨不全症
2B 型 Waardenburg 综合征
膀胱输尿管反流
发作性舞蹈手足徐动症
2 型血色素沉着症
急性白血病
Gaucher 病
肾髓质囊性病
乳头状肾细胞癌
先天性无痛无汗症
家族性甲状腺髓样癌
家族性联合高脂血症
甲状旁腺功能亢进
黏膜相关性淋巴淋巴瘤
混合型卟啉病
出血素质
血栓易感性
系统性红斑狼疮易感性
三甲胺尿症
遗传性前列腺癌
慢性肉芽肿
年龄相关性黄斑变性易感基因
非 Herlitz 型交界性大疱性表皮松解症易感基因（LAMB3）
壳三糖酶缺乏症
Ⅱ 型假性醛甾酮过少症
低血钾周期性麻痹
恶性体温过高易感性
纤维连接蛋白肾小球病
黑色素瘤和乳腺癌转移抑制基因
麻疹易感基因
唇腭裂综合征
波纹肌肉病
甲状旁腺功能减退–滞后–畸形综合征
压力诱导的多形性室速

黑素瘤相关基因
甲状腺碘过氧化酶缺乏症
先天性甲状腺肿
先天性甲状腺功能减退
多种高脂蛋白血症
ACTH 缺乏症
肥胖症，肾上腺功能不全，红发
LCHAD 缺乏症
1 型三功能蛋白缺乏症
2 型先兆子痫 / 子痫
妊娠期急性脂肪肝
常染色体隐性耳聋
原发性婴幼儿青光眼
痉挛性截瘫
遗传性齿龈纤维瘤病
前脑无裂畸形
卵巢发育不全
2 型 Carney 综合征
子宫内膜癌
Zellweger 综合征
新生儿肾上腺脑白质营养不良
Alstrom 综合征
1 型先兆子痫 / 子痫
Welander 远端肌病
K 轻链缺乏症
慢性钙化性胰腺炎
无脑回病
肾小管酸中毒伴耳聋
乳腺癌 RING 相关 BRCA1 结构域
色盲
横纹肌肉瘤下调基因
安定结合抑制剂
蛋白 C 缺乏导致的血栓
新生儿暴发性紫癜
肝癌癌基因
着色性干皮病 B 互补组
毛发低硫营养不良
常染色体隐性纤维状肌病
家族性热性惊厥
进行性肝内胆汁淤积症
Edstrom 肌病
Kantaputra 型肢中骨发育不良
家族性肥厚型心肌病
Bardet-Biedl 综合征
Ehlers-Danlos 综合征血管型
家族性动脉瘤
胰岛素依赖型糖尿病
家族性原发性肺动脉高压
不完全性腭裂
皱皮综合征
青少年隐性肌萎缩性侧索硬化症
复合物 I 铁硫聚集导致的乳酸中毒
先天性常染色体隐性 4B 型鱼鳞病
Finnish 新生儿致死代谢综合征
T 细胞白血病或淋巴瘤
Bjornstad 综合征
肌间线蛋白相关的心肌病
扩张型心肌病
天然免疫相关的巨噬细胞蛋白
1 型原发性高草酸尿症
常染色体隐性 Alport 综合征
家族性良性血尿症
短趾精神障碍综合征
Oguchi 病
伴幽门闭锁的交界性大疱性表皮松解症

家族性特发性震颤
1 型 Feingold 综合征
间变性淋巴瘤激酶
假阴道会阴阴囊下裂
1 型黄嘌呤尿症
Lynch 综合征
乳腺癌易感基因
Muir-Torre 综合征
人 T 细胞白血病毒增强因子
男性早熟性青春期
男性假两性畸形伴随 Leydig 细胞发育不全
促性腺激素分泌不足的性腺功能减退
小阴茎
Leydig 细胞瘤伴随早熟性青春期
谷固醇血症
胱氨酸尿症
Doyne 蜂窝状视网膜营养不良
特殊诵读障碍
肌营养不良症
Miyoshi 肌病
由前胫骨开始的远端肌病
口面裂
3 型帕金森病
维生素 K 依赖性凝血缺陷
胰腺炎相关蛋白
先天性肺泡蛋白沉积症
乙型开角型青光眼
非胰岛素依赖型糖尿病
常染色体显性和隐性外胚层发育不良
先天性甲状腺功能减退症
肾结核
结直肠癌易感基因
1G 型扩张型心肌病
常染色体隐性对称性痉挛性脑瘫
癫痫
阵发性共济失调
常染色体显性遗传耳聋
1A 型慢通道先天性肌无力综合征
3 型肢近端型点状软骨发育不良
肌原纤维性肌病
2 型眼球后缩综合征
5 型并指 / 趾
3 型遗传性非息肉大肠癌
神经分化
致心律失常性右心室发育不良
新生儿一过性重症肌无力
白内障
阵发性非运动性运动困难
家族性阵发性舞蹈徐动症
脑腱黄瘤病
酰基辅酶 A 脱氢酶
氨基甲酰磷酸合成酶 1
1 型和 3 型 Waardenburg 综合征
腺泡状横纹肌肉瘤
颅面-耳聋-手综合征
A1 型短趾
Goodpasture 抗原
血清素受体
Bethlem 肌病
程序性细胞死亡
法国、加拿大类型 Leigh 综合征
紫外线损伤修复
1 型和 2 型 Crigler-Najjar 综合征

长 214Mb，> 602 个基因

3

号染色体

von Hippel-Lindau 综合征
肾细胞癌
Fanconi 贫血 D2 互补组
生物素酰胺酶缺乏症
着色性干皮病 C 互补组
扩张型心肌病，常染色体显性遗传
终板乙酰胆碱酯酶缺乏症
心律失常性右心室发育不良
畸胎瘤衍生生长因子
肝胚细胞瘤
钙化上皮瘤
家族性卵巢癌、子宫内膜低 β 脂蛋白血症
GM1-神经节苷脂积症
黏多糖贮积症 IVB 型
BRCA1 肿瘤抑制基因相关蛋白病症（乳腺癌）
溶血性贫血
视隔发育不良
2 型进行性眼外肌麻痹
Larsen 综合征
易感性 / 耐药性艾滋病毒感染
先天性鳞癣样红皮病
QT 间期延长综合征
1 型 Brugada 综合征
渐进和非渐进心脏传导阻滞
耳聋，常染色体隐性遗传
2A 型 Waardenburg 综合征
Tietz 白化病-耳聋综合征
糖原贮积病
非特异家族性痴呆
垂体激素缺乏综合征
促甲状腺素释放激素缺乏症
耳聋，常染色体隐性遗传
原发性低镁血症
家族性震颤
神经病变腓骨肌萎缩
恶性高热易感症
1 型家族性低钙尿高钙血症
新生儿甲状旁腺功能亢进
低钙血症，常染色体显性遗传
无运铁蛋白血症
丙酸血症
家族性良性慢性天疱疮
视网膜色素变性，常染色体显性遗传和隐性
先天性静止性视网膜紫红质夜盲症
幼年发病或者先天性白内障
常见急性淋巴细胞白血病抗原
睑裂狭小、倒转型内眦赘皮以及 1 型上睑下垂症
系统性含铁血黄素沉着症
蔗糖不耐症
脑海绵状血管瘤
骨髓异常增生综合征
麻醉后呼吸暂停症
卵巢癌
巨核细胞发育形成因子
原发性血小板增多
过氧化物酶病双功能酶缺乏症
因 HRG 缺乏而引起的血栓症
白质消融性白质脑病
急性髓细胞样白血病、脂肪瘤

脑底异常血管网病
1C 型肢带型肌营养不良症
重度肥胖
抗胰岛素型糖尿病
2 型 Loeys-Dietz 综合征
甲状腺激素抵抗症
IIB 型先天性聋视网膜色素变性综合征
假性 Zellweger 综合征
小细胞肺癌
结肠癌
肺癌与食管癌缺失基因
Murk Jansen 型干骺端软骨发育异常
肉碱-脂酰肉碱移位酶（缺乏）
大疱性表皮松解症
2 型遗传性非息肉病性结直肠癌
错配修复癌症综合征易感基因
Muir Torre 家族肿瘤综合征
非酮症高甘氨酸血症
胰腺癌
脊髓小脑性共济失调
垂体 ACTH 腺瘤
特发性室性心动过速
先天静止性夜盲症
T 细胞白血病易位改变基因
易感性 Wernicke Korsakoff 综合征
1 型 Bardet-Biedl 综合征
非乳头状肾细胞癌
S 蛋白缺乏症
慢骨骼肌心室肿大
肥厚型心肌病
肌强直性营养不良
粪卟啉症
卟啉尿症
乳清酸尿
冲绳型遗传性运动与感觉神经病
多巴胺受体
易感性银屑病
1 型遗传性先天性面部轻瘫
尿黑酸尿症
原发性开角型青光眼
原发性高血压
先天性聋视网膜色素变性综合征（芬兰）
青少年肾消耗病
共济失调性毛细血管扩张症
身材矮小
急性髓系白血病因子
异位病毒整合位点（原癌基因）
桡尺结合伴无核细胞性血小板减少症
家族性神经源性丝氨酸蛋白酶抑制剂涵体脑部疾病
非胰岛素依赖型糖尿病
Fanconi-Bickel 综合征
淋巴瘤
真核翻译起始因子 4G1（鳞状细胞肺癌）
四肢-乳腺综合征
p63 肿瘤蛋白
先天性缺指（趾）、外胚层发育不良和唇腭裂综合征
视神经萎缩
脂肪瘤
巨血小板综合征、C 型黑色素瘤

巨颌症（家族性良性下颌骨巨细胞瘤）
多巴胺受体
Huntington 舞蹈症
3 型先天性静止性夜盲症
视网膜色素变性，常染色体隐性遗传
视网膜变性，常染色体隐性遗传
1 型 Wolfram 综合征
Adelaide 颅缝早闭
苯丙酮尿症
常染色体显性 Parkinson 病 5 型易感基因
垂体肿瘤转化基因
4 型 Stargardt 病
2 型牙本质发育异常
急性髓系白血病
幼发性牙周炎
2E 型肢带型肌营养不良症
黑素瘤生长刺激活性
高 IgE 综合征
肾小管性酸中毒
黏多糖症
急性 T 细胞淋巴细胞性白血病
易感性酒精中毒
2 型 Wolfram 综合征
硬化胼胝症
硬化萎缩综合征
Rieger 综合征
虹膜震颤形成综合征
重症综合性免疫缺陷
无纤维蛋白原血症
前段间质发育不全
色氨酸合酶
天冬氨酰葡糖胺尿症
乙型肝炎病毒整合位点
肝细胞肝癌
3 型进行性眼外肌麻痹
常染色体显性凝血因子 XI 缺乏症
面肩胛肱型肌营养不良症
新生儿同种免疫性中性粒细胞缺乏
前激肽释放酶缺乏症

耳聋，常染色体显性遗传
软骨发育不全
季肋发育不全
1 型、2 型致死性骨发育不全
Crouzon 综合征伴随黑棘皮病
Muenke 综合征
Hurler 综合征、Scheie 综合征、Hurler–Scheie 综合征等
Wolf–Hirs–Chhorn 综合征
牙发育不全
多巴胺受体
Ellis–van Creveld 综合征
Weyers 口腔颌面发育不全
Huntington 样神经退行性疾病
视网膜色素变性，常染色体隐性遗传
易感性银屑病
无白蛋白血症
釉质发育不全
斑状白化病
肥大细胞白血病
肥大细胞增生症伴血液系统疾病
生殖细胞肿瘤
牙本质发育不全
粒细胞／淋巴细胞或混合谱系白血病
1 型帕金森病
2 型多囊肾病伴或不伴多囊性肝病
低促性腺素性功能减退症
无 β 脂蛋白血症
β 甘露糖苷贮积症
C3b 灭活因子缺乏症
QT 间期延长综合征和窦性心动过缓
进行性肌肉骨化症
纤维蛋白原血症
遗传性肾病淀粉样变性
发色，红色
常染色体显性 1 型假性醛固酮减少症
IIC 型戊二酸尿症
尿钙过多
Beukes 型髋关节发育不良，Di Rocco 型脊椎干骺端发育不良

4
长 203Mb，＞ 422 个基因
号染色体

5 号染色体

多巴胺转运蛋白
易感性注意缺陷障碍
1 型 Cornelia de Lange 综合征
味觉受体软骨钙化
α-甲基酰基辅酶 A 消旋酶缺乏症
卵巢癌差异表达
酮酸中毒
白血病抑制因子受体
末梢肌肉病变伴随声带与吞咽无力
B 型钼辅因子缺乏症
子宫内膜癌
先天性颈椎缺少综合征
缺铁性贫血、巨幼红细胞症
Sandhoff 病
青少年脊髓性肌萎缩
X 射线修复
家族性发热惊厥
腺瘤性结肠息肉病
1 型家族性腺瘤息肉
结肠直肠癌
硬纤维瘤病
Turcot 综合征亚型
Ehlers-Danlos 综合征多种亚型
免疫血小板减少症
骨髓增生异常综合征
肌束肌营养不良，常染色体显性遗传
耳聋
支气管高反应性（支气管哮喘）
婴幼儿毛细血管瘤
脊髓小脑性共济失调
大红细胞性贫血
胃癌
非小细胞肺癌
视网膜色素变性，常染色体隐性遗传
神经病变腓骨肌萎缩
Netherton 综合征
下颌面骨发育不全综合征
垂体肿瘤转化基因
凝血因子 XII(Hageman 因子)
易感性髓系恶性肿瘤
2 型颅缝早闭
顶骨发育不完全
白三烯 C4 合成酶缺乏
多巴胺受体
2 型 Hermansky-Pudlak 综合征

cb1 E 型同型巨细胞性贫血
颅骨干骺端发育不良症
Leigh 综合征易感基因
多囊卵巢综合征
先天性巨结肠症易感基因 3
重症综合性免疫缺陷
侏儒症
恶性高热易感症
垂体激素缺乏症
细胞毒性 T 淋巴细胞相关的丝氨酸酯酶
Hanukah 因子丝氨酸蛋白酶
黏多糖贮积症 VI 型
5-羟色胺受体 1A
精神分裂症易感基因位点
Wagner 玻璃体视网膜病变
糜烂性玻璃体视网膜病变
基底细胞癌
原激素受损性肥胖症
白喉毒素受体
先天性关节挛缩
赖氨酰氧化酶
耳聋
原发性皮质醇拮抗症
角膜营养不良
家族性嗜酸性粒细胞增多症
5-羟色胺受体 4
易感性 / 抗性曼氏血吸虫感染
自然杀伤细胞刺激因子-2
AB 型 GM2 神经节苷脂沉积症
惊恐病，常染色体显性遗传和隐性遗传
变形性骨发育不良
骨发育不全症
软骨成长不全
多发性骨骺发育不良
易感性夜间哮喘
易感性肥胖症
2F 型肢带型肌营养不良症
全身原发性肉碱缺乏
房间隔缺损伴随房室传导障碍
神经性先天性多发性关节挛缩症
NPM/RARA 型急性早幼粒细胞白血病
血管内皮生长因子受体
遗传性淋巴水肿
Cockayne 综合征
遗传性胰腺炎

3 型眼前段发育不全

前段间质发育不全

3 型 Axenfeld–Rieger 综合征

FOXC1 基因

凝血因子 XIII

掌跖角化病

脊髓小脑性共济失调

精神分裂症易感基因位点

Ib 型枫糖尿病

Ⅰ型少淋巴细胞综合征

继发孔心房间隔缺损

先天性肾上腺增生

肾性糖尿病

易感性慢性钕病

白血病、前 B 细胞转录因子

肿瘤坏死因子（恶病致素）

易感性疟疾、脑疟

视网膜色素变性

血小板活化因子

易感性哮喘和过敏性疾病

过氧化物酶体生物合成障碍

溶血性贫血

Char 综合征

谷蛋白敏感性肠病（乳糜泻）

视锥-视杆细胞营养不良

炎症性肠病

遗传性混合息肉病综合征

5 型 Leber 先天性黑矇

5-羟色胺受体 1B

北卡罗来纳型视网膜黄斑营养不良

重度肥胖

胰岛素依赖型糖尿病

先天性分区蛋白缺陷肌营养不良

儿童进行性假性风湿关节病

1 型肢根斑点状软骨发育异常

耳聋

扩张型心肌病，常染色体显性遗传

1 型易感性人类免疫缺陷病毒

Lafora 型癫痫肌阵挛

阿片类受体

雌激素受体

乳腺癌

雌激素耐药基因

胰岛素样生长因子 2 受体

肝细胞性肝癌

抑制致瘤性

卵巢癌易感基因

浆液性卵巢癌

粒细胞／淋巴细胞或混合谱系白血病

胰腺 β 细胞，单亲二体发育不全

木样结膜炎

易感性冠状动脉疾病

复杂神经障碍

变异型着色性干皮病

多发性骨髓瘤癌基因

先天性唇腭裂

急性非淋巴细胞白血病

Fanconi 贫血 E 互补组

强直性脊柱炎

COL11A2

耳-脊髓-大骨骺发育异常综合征

Weissenbacher–Zweymuller 综合征

非综合征型感音神经性耳聋

阅读障碍

血色沉着病

变异性卟啉病

易感性类天疱疮

链球菌抗原免疫抑制

Ⅰ型以及Ⅱ型唾液酸沉积症

弥漫性细支气管炎

易感性银屑病

典型样 Ehlers–Danlos 综合征

视锥细胞营养不良

多囊肾与肝脏疾病，常染色体隐性遗传

慢（感光）视网膜变性

外周蛋白白点状视网膜色素变性

肌肉萎缩症

视网膜蝴蝶萎缩症

颅骨锁骨发育不全

孤立性牙齿异常

眼球震颤，常染色体显性遗传

大疱性类天疱疮抗原 1

输尿管周交界点梗阻

眼底黄色斑点症，常染色体显性遗传

青少年肌阵挛癫痫

脑特异性血管生成抑制因子

地西泮结合抑制因子

精神分裂症易感基因

神经氨酸酶缺乏症

小儿唾液酸贮积症

渐进双焦型视网膜脉络膜萎缩

黑色素瘤缺失因子

Schmid 型干骺部软骨发育不全

日本型脊椎干骺端发育不良

易感性肝纤维化

眼齿趾发育不良（并指Ⅲ型）

异型细胞型遗传性胎儿血红蛋白持续存在症

精氨酸血症

白血病

免疫干扰素受体

非典型家族性传播分枝杆菌感染

家族性卡介苗感染

易感性肺结核

新生儿短暂性糖尿病

类多形腺瘤基因 1

2 型青少年帕金森病

纤溶酶原栎木病

血纤维蛋白原溶酶原型易栓症

Ⅰ型以及Ⅱ型血浆原素缺乏症

尤文肉瘤
错配修复癌症综合征易感基因
4 型遗传性非息肉病结直肠肿瘤
骨量减少 / 骨质疏松
显性囊性黄斑营养不良
视网膜色素变性
生长激素缺乏性侏儒症
手足子宫综合征
家族性高胰岛素血症
D 型进行性神经性肌萎缩综合征
α-酮戊二酸脱氢酶缺乏症
肌病
T 细胞肿瘤侵袭和转移
精氨琥珀酸尿
反射亢进
产气荚膜梭菌肠毒素受体
瓣上主动脉瓣狭窄
Williams-Beuren 综合征
常染色体显性 1 型皮肤松弛症
细胞质连接蛋白
Williams-Beuren 区域重复综合征
慢性肉芽肿性疾病
敏感性 P-糖蛋白 / 高耐药性恶性高热
秋水仙碱抗性
胆汁淤积
1 型裂手 / 脚畸形（缺趾畸形）
对氧磷脂酶
易感性冠状动脉疾病
1 型纤溶酶原激活物抑制剂
易栓症
出血性素质
血色沉着病
成骨不全症
Ehlers-Danlos 综合征关节松弛症型 2
特发性骨质疏松症
非典型性 Marfan 综合征基因 COL1A2
耳聋，常染色体隐性遗传
Pendred 综合征
耳聋，常染色体隐性遗传
前庭导水管扩大硫辛酰胺脱氢酶缺乏症
溶血性贫血
致瘤性阻抑基因 7
肥胖症
味觉受体
肾小管末端性酸中毒，常染色体隐性遗传
耳聋，常染色体隐性遗传
胰蛋白酶原缺乏症
遗传性胰腺炎
青光眼类色素播散综合征

7 长 171Mb，> 496 个基因

号染色体

精神错乱
1 型颅缝早闭
尖头并指畸形综合征
睑裂狭小、倒转型内眦赘皮以及上睑下垂症
耳聋，常染色体显性遗传
骨髓性白血病
脑海绵状血管瘤
5 型 Wilms 瘤
双载蛋白（全身肌强直综合征）
端部多发性并指综合征
下丘脑错构胚细胞瘤综合征
多指畸形
胶质母细胞瘤扩增序列
远端脊髓性肌萎缩
易感性自闭症
肌束肌营养不良，常染色体显性遗传
血小板糖蛋白 IV 缺乏
脑海绵状血管瘤
结肠癌
过氧化物酶体生物生成障碍 IA 型、IB 型
新生儿肾上腺脑白质营养不良
过氧化物酶体生物生成障碍 IB 型
黏多糖贮积症 VII 型
绝经后骨质疏松症
2 型成人瓜氨酸血症
易感性溃疡性结肠炎
基因下调表达型腺癌
先天性分泌性氯腹泻
家族性肥厚型心肌病
家族性散发性肾细胞癌、乳头状癌
儿童型肝细胞癌
语言障碍
散发性基底细胞癌
视网膜色素变性，常染色体显性遗传
囊性纤维化
先天性双侧输精管缺失
非囊胞性纤维症型汗液氯化物升高
蓝锥色素色盲
肌强直
开角型青光眼
电压门控钾通道亚家族 H 成员 2 基因（KCNH2）
QT 间期延长综合征
易感性子痫前期
易感性冠状动脉痉挛
前脑无裂畸形
5-羟色胺受体 5A
生长速率控制因素
Currarino 综合征
骶骨发育不全
三指节拇指多指综合征
X 射线损伤修复基因 XRCC2

8

号染色体

进行性癫痫伴随智力迟钝
角质冬季红斑
前列腺癌肿瘤抑制因子
肝癌缺失基因 1(DLC1)
全身性秃发症
无毛症伴丘疹性损害
低抗坏血酸血症
精神分裂症易感基因
纤溶酶原激活物不足
痉挛性截瘫，常染色体隐性遗传
类脂性肾上腺增生
单核细胞白血病
视网膜色素变性
多形性腺瘤
促肾上腺皮质激素缺乏
家族性发热惊厥
共济失调伴随单纯性维生素 E 缺乏
全色盲
CMO II 缺乏症
过氧化物酶体生物生成障碍 4A 型（Zellweger 型）
过氧化物酶体生物生成障碍 5B 型
家族性非霍奇金淋巴瘤
结肠癌
二氢嘧啶尿
Cohen 综合征
开角型青光眼
Ogna 型单纯型大疱性表皮松解
遗传性运动和感觉神经病
癫痫
癌基因 PVT(myc 活化剂)
肾母细胞瘤过表达基因
1 型多发性外生骨疣
软骨肉瘤
1 型毛发鼻指 / 趾骨综合征
前列腺干细胞抗原
Rothmund–Thomson 综合征
mal de Meleda 病

小头畸形，原发性常染色体隐性遗传
高脂蛋白血症
家族性乳糜微粒血综合征
家族性合并高脂血症
肉芽肿病
原发性肝细胞癌
结肠直肠癌
溶血性贫血
Marie Unna 型少毛症
混合型成人扭转性肌张力障碍
Werner 综合征
球形红细胞症
Pfeiffer 综合征
软骨钙化伴随早发性关节炎
K 阿片受体
涎腺多形性腺瘤
眼球后退综合征
神经病变腓骨肌萎缩，常染色体隐性遗传
腮耳肾综合征
腮耳综合征
先天性肾上腺增生
原发性醛固酮增多症
Nijmegen 断裂综合征
新生儿巨细胞肝炎
肾小管酸中毒症综合征
3MC 综合征
痉挛性截瘫
脑特异性血管生成抑制因子
乳头状瘤病毒 18 型整合位点
肌营养不良伴随大疱性表皮松解症
非典型卵黄样黄斑营养不良
肾细胞癌
Langer–Giedion 综合征
Burkitt 淋巴瘤
先天性甲状腺功能减退症
非青少年结节性甲状腺肿

9 号染色体

46，XY 性反转 4
非酮症高甘氨酸血症
CDKN2A 基因
骨干髓腔狭窄
黑素瘤
多发性家族毛发上皮瘤
纤毛无运动综合征
软骨毛发发育不全
X 射线损伤修复基因 FANCG
Fanconi 贫血 G 互补组
涎尿
2 型原发性高草酸尿
心肌症
耳聋，常染色体隐性遗传
舞蹈病棘红细胞增多症
前列腺特异性基因
伴尖发、腭裂的甲状腺功能减退症
受体酪氨酸激酶样孤儿受体 2
B1 型短指症
肾消耗病 (小儿)
1 型感觉和自主神经病
果糖不耐症
散发性基底细胞癌
肌营养不良-肌萎缩聚糖病 A4 型
基底细胞痣综合征
3 型遗传性感觉和自主神经病变
食管癌
内毒素低反应性
青少年显性肌萎缩侧索硬化症
1 型先天性泛发性脂肪营养不良
肌张力障碍、扭曲，常染色体显性遗传
致死性先天性挛缩综合征
急性未分化白血病
结节性硬化症
溶血性贫血
遗传性出血性毛细血管扩张症
典型 1 型 Ehlers−Danlos 综合征
Joubert 综合征
T 细胞急性淋巴细胞性白血病

卵巢癌
棕色和褐色白化病，
α 干扰素缺乏症
白血病
细胞周期蛋白依赖性激酶抑制剂
多发性皮肤和黏膜性静脉畸形
1 型先天性多发性远端关节挛缩
半乳糖血症
Maroteaux 型肢端肢中发育不全
肌病包涵体，常染色体隐性遗传
低镁症和继发性低钙血症
2 型 Friedreich 共济失调
颏痉挛
自发性出血
家族性嗜血淋巴组织细胞瘤病
骨外黏液样软骨肉瘤
男性乳房发育假两性畸形
Tangier 病
家族性高密度脂蛋白缺乏症
Fanconi 贫血 C 互补组
着色性干皮病
自愈性鳞状上皮癌
T 细胞急性淋巴细胞性白血病
2H 型肢带型肌营养不良症
膀胱癌
XY 染色体性反转，伴肾上腺皮质功能减退
前 B 细胞白血病转录因子
急性肝性卟啉病
易感性铅中毒
瓜氨酸血症
多巴胺−β-羟化酶缺乏症
芬兰型淀粉样变性
小头畸形，原发性常染色体隐性遗传
急性髓细胞样白血病
指甲髌骨综合征
前列腺素 D_2 合成酶 (脑)
垂体激素缺乏症

典型 Refsum 病
甲状旁腺功能减退，耳聋，肾发育异常
DiGeorge 综合征复杂型腭心面综合征
白血病
血小板减少症
促分裂原活化的蛋白激酶激酶激酶 8（MAP3k8）
尤文肉瘤
易感性肥胖症
多发性内分泌肿瘤
甲状腺髓样癌
先天性巨结肠症易感基因 1
甲状腺乳头状癌
耳聋，常染色体隐性遗传
5-羟色胺受体
2 型遗传性先天性面部轻瘫
溶血性贫血
高苯丙氨酸血症
异染色性脑白质障碍症
Saposin C 缺乏引起的非典型 Gaucher 病
巴基斯坦型脊椎上干骺端发育不良
1 型 Hermansky-Pudlak 综合征
乳腺癌
多种严重癌症
多发性错构瘤
Lhermitte-Duclos 综合征
1 型 Cowden 综合征
子宫内膜癌
青少年肠息肉病
前列腺癌
进行性眼外肌麻痹
Thiel-Behnke 型角膜营养不良症
T 细胞急性淋巴细胞性白血病
婴儿发病型脊髓小脑性共济失调
3 型手足裂畸型
多囊性肾病
脑膜瘤表达抗原
先天性肾上腺增生
胰岛素依赖型糖尿病
前段间质发育不全
先天性白内障
恶性脑肿瘤
多形性胶质母细胞瘤
髓母细胞瘤
Crouzon 综合征
Jackson-Weiss 综合征
Beare-Stevenson 皮肤旋纹综合征

前列腺癌变阻抑基因
前列腺腺瘤
白细胞介素受体 α 链缺乏
心律失常性右心室发育不良
肌无力抗原 B
肌无力综合征
巨幼细胞性贫血
胰岛素依赖型糖尿病
Athabascan 型重症联合免疫缺陷病
B 型 Cockayne 综合征
脑眼面骨骼综合征
调理素缺乏
慢性感染
先天性非综合征型视网膜剥离
扩张型心肌病，常染色体显性遗传
神经病变，先天性髓鞘形成不足
可溶性载体家族 25 成员 16 基因（SLC25A16）
顽固性高甲硫氨酸血症，常染色体显性遗传
家族性嗜血淋巴组织细胞瘤病
视网膜色素变性，常染色体显性和隐性遗传
尿道颜面综合征（Ochoa 综合征）
低球蛋白血症和 B 细胞缺乏
高胰岛素-高氨血症综合征
痉挛性截瘫
色素沉着综合征
华法林过敏
溶酶体酸性脂肪酶缺乏症
胆固醇酯沉积病
肿瘤坏死因子受体超家族，成员 6
自身免疫性淋巴增殖综合征
泛发型萎缩性良性大疱性表皮松解症
视觉神经缺损伴肾病
前列腺癌
神经纤维肉瘤
先天性生血性卟啉病
子宫内膜癌
脉络膜视网膜螺旋状萎缩
胰脂肪酶缺乏症
青光眼
Pfeiffer 综合征
Apert 综合征
尖头并指畸形综合征
脑裂畸形
诱发细胞多核化（启动子）
重型先天性聋视网膜色素变性综合征，隐性遗传

10 号染色体

Beckwith–Wiedemann 综合征
细胞周期蛋白依赖性激酶抑制剂
多巴胺受体
自主神经系统功能不良
QT 间期延长综合征
Jervell 和 Lange–Nielsen 综合征
地中海贫血
罕见型糖尿病
家族性高前胰岛素血症
乳腺癌
横纹肌肉瘤
肺癌
Segawa 综合征，隐性
甲状旁腺功能减退，显性和隐性
肿瘤易感基因
乳腺癌
先天性聋视网膜色素变性综合征
斑状萎缩
Fanconi 贫血 F 互补组
骨髓性和淋巴细胞性白血病
无过氧化氢酶血症
无虹膜症
5 型眼前段发育不全
先天性白内障
孤立型中央凹发育不全
角膜炎
重症综合性免疫缺陷，B 细胞阴性
家族性组织网状细胞增多症
Omenn 综合征
1 型肾母细胞瘤
Denys–Drash 综合征
Frasier 综合征
顶骨孔增大 (Catlin 标志)
多发外生骨疣
前列腺癌变阻抑基因
前列腺癌
脊髓小脑性共济失调
混合型高脂血症
易发骨关节炎，尤其是女性
E 组着色性干皮病，亚型 2
高骨密度症
骨质疏松–假性神经胶质瘤综合征
甲状旁腺腺瘤
中心细胞性淋巴瘤
多发性骨髓瘤
乳腺癌和鳞状上皮细胞癌
先天性恶性贫血
多发性内分泌肿瘤
甲状旁腺功能亢进
泌乳素瘤，类癌综合征
易感性变异性哮喘
急性早幼粒细胞性白血病
二基因型视网膜色素变性
宫颈癌
卵黄状型黄斑营养不良 2
脊髓性肌肉萎缩症伴呼吸窘迫
副神经节瘤或家族性血管球瘤
成人叶酸受体
T 细胞免疫调节
隐性骨硬化病
急性骨髓性和 T 细胞急性淋巴细胞白血病
类共济失调性毛细血管扩张症
细胞凋亡抑制因子
耳聋，常染色体显性和隐性遗传
苯丙酮尿症
高甘油三酯血症
免疫缺陷
糖原贮积病
Jocobsen 综合征
家族性非嗜铬性神经节瘤
疱疹病毒进入介质
Epstein–Barr 病毒修饰位点
5–羟色胺受体 3A
急性间歇性卟啉病

2B 型远端关节病
婴儿黑蒙性痴呆
胰岛素依赖型糖尿病
镰状细胞贫血
β 型地中海贫血
β 型红细胞增多症
Heinz 小体贫血
缺失型遗传性高胎儿血红蛋白血症
膀胱癌
2 型肾母细胞瘤
遗传性肾上腺皮质腺癌
干燥综合征抗原
A 型和 B 型 Niemann–Pick 病
骨质疏松症
婴儿顽固性高胰岛素血症性低血糖症
耳聋，常染色体隐性遗传
4B 型腓骨肌萎缩征
T 细胞急性淋巴细胞性白血病
乙型肝炎病毒整合位点
肝细胞性肝癌
乳酸性酸血症
T 细胞白血病 / 淋巴瘤
非胰岛素依赖型糖尿病
E 组着色性干皮病
家族性肥厚型心肌病
前列腺癌过度表达基因
凝血因子 II(凝血酶)
低凝血酶原血症
异常凝血酶原血症
补体成分抑制因子
遗传性血管神经性水肿
Smith–Lemli–Opitz 综合征
异位 IgE 过敏反应
1 型 Bardet–Biedl 综合征
成纤维细胞生长因子 4
胰岛素依赖型糖尿病
2 型内脏囊肿脑发育不良综合征
线粒体复合体 IV 缺陷症
线粒体复合体 I 缺陷症细胞核型 4
糖原贮积症 V 型
生长激素瘤
耐紫外线照射相关基因
玻璃体视网膜病变
B 细胞白血病 / 淋巴瘤
丙酮酸羧化酶缺乏症
1B 型先天性聋视网膜色素变性综合征
掌跖角化牙周破坏综合征
IA 型眼部皮肤白化症
二基因型 Waardenburg 综合征 / 白化病
肾小球硬化症
肺癌
共济失调性毛细血管扩张症
散发性 T 细胞淋巴细胞白血病
B 细胞非霍奇金淋巴瘤
乳腺癌
心骨骼肌间线蛋白相关性肌病
载脂蛋白 A–1 和载脂蛋白 C–III 缺乏症
高甘油三酯血症
低 a 脂蛋白血症
角膜混浊，常染色体隐性遗传
淀粉样变性
多巴胺受体
阵挛性肌张力障碍
4 型 (Margarita 型) 外胚层发育不良
肾性低镁血症
骨髓性 / 淋巴性或混合谱系白血病
非小细胞性肺癌
致死性积液综合征
急性 Chester 型卟啉病
巨幼细胞性贫血症
Friend 白血病病毒整合位点 1
组织细胞增生症伴关节挛缩和耳聋
阿片结合蛋白质 / 细胞黏附分子
2 型 Bartter 综合征

长 144Mb，> 693 个基因

11
号染色体

红斑狼疮
低磷酸盐性佝偻症，常染色体显性遗传
凝血因子 VIII(血管性血友病因子)
肿瘤坏死因子受体超家族
家族性周期热
Keutel 综合征
家族性周期热(爱尔兰热)
阵发性运动失调症/肌纤维颤搐综合征
1 型假性醛固酮减少症
溶血性贫血
糖尿病相关肽(胰淀素)
乳酸脱氢酶 B 缺乏症
结肠直肠癌
眼外肌纤维化，常染色体显性遗传
肾上腺脑白质营养不良
Bothnian 型掌跖角化症
黑色素瘤
抗维生素 D 性佝偻病
2 型抗苗勒管激素受体
2 型顽固性苗勒管综合征
活化转录因子 1
软组织透明细胞肉瘤
先天性肌病
遗传性青少年性角膜营养不良
单纯型大疱性表皮松解症
多形性和绕核性白内障
肉瘤扩增序列
夜间遗尿症
2 型软骨成长不全-发育不良症
早发骨关节病
组蛋白脱乙酰酶 7A
Strudwick 型脊椎-干骺端发育不良
肩胛腓骨肌综合征
黏多糖贮积症 IIID 型
脂肪瘤
涎腺腺瘤
子宫肌瘤
高度近视，常染色体显性遗传
毛囊角化病
脊髓小脑性共济失调
甲羟戊酸尿症
高免疫球蛋白血症 D 和周期热
脊髓性肌肉萎缩症
苯丙酮尿症
尺骨-乳腺综合征
糖尿病
青年发病的成年型糖尿病
口腔癌

齿状核红核苍白球丘脑下部核萎缩
肺气肿
易感性阿尔茨海默病
炎症性肠病
急性淋巴细胞性白血病
易感性原发性高血压病
骨髓性白血病因子
痉挛性截瘫，常染色体显性遗传
味觉受体
0 型糖原贮积病
伴短指症的高血压病
家族性老年痴呆症
视网膜母细胞瘤结合蛋白
Siemens 大疱性鱼鳞病
遗传性出血性毛细血管扩张症
白血病：骨髓型、淋巴型或混合谱系型
失弛症-Addison 症-无泪综合征
显性或隐性遗传肾性尿崩症
人类乳头状瘤病毒 18 型整合位点
表皮松解性掌跖角化症
表皮松解性过度角化症
周期性鱼鳞癣伴表皮松解角化过度症
白色海绵痣
先天性厚甲症
眼底白点症
胶质瘤
黏液样脂肪肉瘤
1 型 Stickler 综合征
SED 角化不良
Kniest 发育不良
糖原贮积病
假性维生素 D 缺乏性佝偻病
免疫干扰素缺乏症
先天性扁平角膜，隐性遗传
发育迟缓伴耳聋和智力缺陷
先天性非进行性脊髓性肌肉萎缩
肥厚型心肌病
C 型短指症
1 型 Noonan 综合征
心面皮肤综合征
3 型酪氨酸血症
B 细胞型高恶性非霍奇金淋巴瘤
Holt-Oram 综合征
急性酒精不耐受
肿瘤排斥抗原
1 型人类免疫缺陷病毒表达
肾淀粉样变性

胆固醇降低因子
耳聋，常染色体显性和隐性遗传
残毁性掌跖角化病
外胚层发育不良症
2C 型肢带型肌营养不良症
早发性乳腺癌
胰腺癌
在 B 细胞瘤形成中破坏
B 细胞型慢性淋巴细胞白血病
2 型裸淋巴细胞综合征
高鸟氨基酸血症-高血氨症-同型瓜氨酸尿症综合征
5-羟色胺受体 2A
视网膜母细胞瘤
骨肉瘤
膀胱癌
伴双侧视网膜母细胞瘤的松果体瘤
肝豆状核变性
A2 型轴后性多指症
先天性巨结肠症易感基因 2
1 型或 pccA 丙酸血症
前脑无裂畸形
初级胆汁酸吸收不良

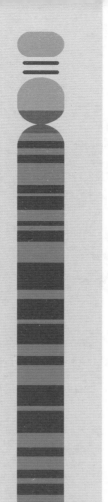

悬韧带脆弱性白内障
干细胞白血病 / 淋巴瘤综合征
Charlevoix-Saguenay 型痉挛性共济失调
胰腺不发育
IV 型青春晚期糖尿病
夜间遗尿症
ITM2B 相关性脑淀粉样血管病
2 型发育不全综合征
X 射线灵敏度
横纹肌肉瘤，小泡型
非小细胞肺癌
脊髓小脑性共济失调
神经元蜡样质脂褐质沉积病
先天性小瞳孔
精神分裂症易感基因
G 组着色性干皮病
凝血因子 VII 缺乏
2 型 Oguchi 病
眼底黄色斑点症，常染色体显性遗传
凝血因子 X 缺乏
导管型乳腺癌

长 114Mb， > 199 个基因

13
号染色体

良性遗传性舞蹈病
脑膜瘤表达抗原
远端型肌营养不良症
抗细胞凋亡
温度敏感型细胞凋亡
赖氨酸尿性蛋白耐受不良
常染色体隐性遗传板层状鱼鳞病
先天性鳞癣样红皮病
痉挛性截瘫
耳聋，常染色体隐性遗传
耳聋，常染色体显性遗传
COCH 基因
心律失常性右心室发育不良
免疫缺陷
糖原贮积病
非典型性苯丙酮尿症
多巴反应性肌张力障碍
3 型 Leber 先天性黑矇
马来酰乙酸异构酶缺乏症
阿尔茨海默病
Machado-Joseph 病
卵巢癌
常染色体隐性小眼畸形
闭塞性脑血管病
T 细胞白血病／淋巴瘤
丙种球蛋白缺乏血症
全色盲

基底节钙化症 (Fahr 病)
多结节甲状腺肿
视网膜色素变性，常染色体显性遗传
T 细胞白血病／淋巴瘤
常染色体隐性遗传咽型肌营养不良症
APEX 核酸酶 (多功能 DNA 修复酶)
家族性肥厚型心肌病
少牙畸形
家族性甲状腺肿
IIa 型先天性糖基化障碍
椭圆形红细胞增多症
球形红细胞症
致命和近乎致命性新生儿溶血性贫血
心律失常性右心室发育不良
小球形晶状体和／或球形角膜，伴晶状体异位，伴或
不伴继发性青光眼
DNA 错配修复基因 MLH3
胰岛素依赖型糖尿病
Krabbe 病
先天性甲状腺功能减退症
甲状腺瘤，甲状腺功能亢进症
Graves 病易感基因 1
先天性甲状腺功能亢进症
先天性聋视网膜色素变性综合征常染色体隐性遗传
肺气肿-肝硬变
出血性体质
X 射线损伤修复基因 XRCC3

长 109Mb， > 347 个基因

14
号染色体

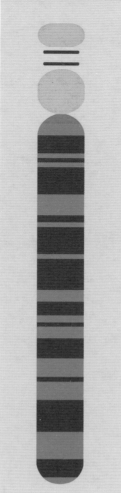

易感性原发性高血压病
CLL／淋巴瘤，B 细胞
淋巴瘤，弥漫性大细胞
神经分化胚胎癌源性蛋白质
Prader–Willi 综合征
Angelman 综合征
发色，棕色
痉挛性截瘫
肢体畸形
精神分裂症，神经生理缺陷性异戊酸血症
5 型球形细胞增多症
1 型产前 Bartter 综合征
青少年隐形肌萎缩侧索硬化症
III 型先天性红细胞生成障碍性贫血
Griscelli 综合征
耳聋，常染色体隐性遗传
肝脂酶缺乏症
Marfan 综合征
15926 四体（Levy–Shanske 综合征）
家族性晶状体异位
PML/RARA 型急性早幼粒细胞白血病
家族性肥厚型心肌病
增强蓝锥细胞综合征
IIA 型戊二酸尿症
2 型夜间额叶癫痫
化脓性关节炎–坏疽性脓皮病痤疮综合征
胰岛素依赖型糖尿病

15 号染色体

长 106Mb，> 321 个基因

Prader–Willi ／ Angelman 综合征（父系印记）
眼睛颜色，棕色
人冠状病毒敏感性
2 型眼皮肤白化病
胼胝体发育不全伴周围神经病变
家族性扩张型和肥厚型心肌病
青少年肌阵挛癫痫病
脊髓小脑性共济失调
小头畸形，原发性常染色体性遗传
1 型先天性红细胞生成障碍性贫血
2A 型肢带型肌营养不良症
阅读障碍
透析相关性淀粉样变
晚期婴儿型蜡样质–脂褐素神经元增多症
家族性男子乳腺发育
孕产妇和胎儿男性化
结直肠癌
Ib 型先天性糖基化障碍
4 型 Bardet–Biedl 综合征
Tay–Sachs 病
GM2–神经节苷脂沉积症
1 型酪氨酸血症
重度精神发育迟滞
家族性常染色体隐性遗传性高胆固醇血症
耳硬化
Bloom 综合征

α 型高铁血红蛋白血症
α 型红细胞增多症
α 型亨氏小体贫血
α-地中海贫血／精神发育迟滞
轴抑制
肝细胞性肝癌
Rubinstein–Taybi 综合征
结节性硬化症
1 型多囊肾病伴或不伴多囊肝病
急性髓性单核细胞白血病
弹性假黄色瘤
小儿肌阵挛性癫痫
MHC 2 型分子表达缺乏病
视网膜色素变性
特异反应性，易感性
常染色体肝糖原病
常染色体显性遗传多囊肾病
小儿发作性舞蹈手足徐动症
Blau 综合征
阵发性运动性舞蹈手足徐动症
肾母细胞瘤
常染色体隐性遗传性先天缺牙
可卡因和抗抑郁药敏感
直立耐受不能
急性髓性白血病
斑状角膜营养不良
5 型多发性白内障
胆固醇酯酶缺乏病
鱼眼病
2 型酪氨酸血症
乳腺癌抗雌激素耐药
先天性眼外肌纤维化
Fanconi 贫血 A 互补组
淋巴水肿与双行睫
痉挛性截瘫
常染色体慢性肉芽肿病
巨轴索神经病
尿路结石，2，8-二羟基腺嘌呤
黏多糖病 IVA 型
易受紫外线引起的皮肤损伤

α 地中海贫血
红细胞增多
变性珠蛋白小体贫血
血红蛋白 H 病
低色小红细胞性贫血
GABA-转氨酶缺乏
先天性小眼球合并先天性白内障
婴儿型重症多囊肾病
疱疹病毒相关性泛素特异性蛋白酶
F 组着色性干皮病
微积水性无脑
尿调节素
小脑变性相关抗原
家族性地中海热
Liddle 综合征
1 型假性醛固酮减少症
3 型神经元蜡样脂褐质沉积症
家族性二尖瓣脱垂
Brody 肌病
视网膜母细胞瘤结合蛋白
1 型炎症性肠炎 (Crohn 病)
黏液肉瘤，融合基因
家族性圆柱瘤病
Brooke–Spiegler 综合征
1 型多发性家族性毛发上皮瘤
视网膜母细胞瘤
Gitelman 综合征
2 型 Bardet–Biedl 综合征
M4Eo 亚型急性髓细胞性白血病
Ras 基因相关糖尿病
子宫内膜癌
卵巢癌
乳腺小叶癌
家族性胃癌
苯毒性，易感性
白血病，化疗后，易感性
脊髓小脑性共济失调
脱水遗传性口形红细胞增多症
家族性假性高钾血症

16
号染色体

长 98Mb，> 437 个基因

17

Canavan 病
卵巢癌
Mille–Dieker 无脑回综合征
视网膜色素变性
p53 肿瘤蛋白
结直肠癌
Li–Fraumeni 综合征
胱氨酸病（肾病变型）
非胰岛素依赖糖尿病
视锥细胞营养不良
肌无力综合征
耳聋，常染色体隐性遗传
Smith–Magenis 综合征
VLCAD 缺乏
V 型青春晚期糖尿病
易感性原发性高血压病
T 细胞免疫缺陷、脱发和甲营养不良
骨外黏液样软骨肉瘤
5-羟色胺转运蛋白 SLC6A4
1 型多发性神经纤维瘤
Watson 综合征
白血病，幼年型粒-单核细胞
HIV–1 疾病进展，延迟
遗传性青少年性角膜营养不良
肢带型肌营养不良
隐性遗传性单纯型大疱性表皮松解
1 型先天性甲肥厚
多发性脂肪瘤
4 型肾母细胞瘤
2 型糖原贮积症
帕金森–痴呆综合征
表皮松解性角化过度症
髌骨不发育或发育不良
成骨不全
Ehlers–Danlos 综合征关节松弛症型 1
特发性骨质疏松症
乳腺癌基因 BRCA1
神经细胞瘤
A 型 Glanzmann 血小板功能不全
血小板减少，新生儿同种免疫性
CLL/ 淋巴瘤 B 细胞
视网膜色素变性
侵袭性垂体肿瘤
易感性心肌梗死
易感性阿尔茨海默病
非典型先天性肌强直
家族性痉挛
胎儿阿尔茨海默病抗原肺癌，小细胞
躯干发育异常伴常染色体性别逆转
细胞凋亡抑制因子
2 型糖尿病易感基因
上颌边缘

Bernard–Souller 综合征
TP53 相关调节因子性乳腺癌
癌症高甲基化
无脑回
皮层下层异位症
1 型 Leber 先天性黑矇
髓母细胞瘤
前极白内障
家族性婴儿型重症肌无力
1 型 Bruck 综合征
Sjogren–Larsson 综合征
神经病变腓骨肌萎缩
Dejerine–Sottas 肥厚性神经病变
1 型 van der Woude 综合征修饰基因
中央晕轮状脉络膜萎缩
Huntington 相关蛋白 1
易感性银屑病
大疱性表皮松解症
易感性阿尔茨海默病
van Buchem 病
易感性恶性高热
急性早幼粒细胞白血病
表皮松解性掌跖角化症
2 型先天性甲肥厚
非表皮松解性掌跖角化症
硬化性狭窄
3 型常隐肢带型肌营养不良
原发性 Adhalin 病
早发性乳腺癌
卵巢癌
骨髓性 / 淋巴性或混合谱系白血病
散发性乳腺癌
进行性皮质下神经胶质增生
II 型假性醛固酮减少症
遗传性球形红细胞症
溶血性贫血
远端肾小管酸中毒
人类 T 淋巴细胞白血病病毒（I 和 II）受体
额颞性痴呆
毛发-牙-骨综合征
B 型 Glanzmann 血小板机能不全
近端指（趾）间关节粘连
多骨连接综合征
肌肝脑眼侏儒症
生长激素缺乏症
髓过氧化物酶缺乏症
白内障
胼胝症与食管癌
新生儿假性肾上腺脑白质营养不良
耳聋，常染色体显性遗传
治疗相关性急性髓细胞性白血病
先天性慢通道肌无力综合征
黏多糖贮积症 IIIA 型

高度近视，常染色体显性遗传
前脑无裂畸形
病灶性成人扭转性肌张力障碍
Streeten 直立性低血压症
乙型肝炎病毒整合位点
视网膜母细胞瘤结合蛋白
家族性淀粉样神经病
老年系统性淀粉样变性
家族性腕管综合征
寻常型天疱疮抗原
胰岛素依赖型糖尿病
胰腺癌
青少年肠息肉病
B 细胞白血病／淋巴瘤
大肠癌淋巴瘤／白血病
B 细胞变异组合因子 V 与因子 VIII 不足
肿瘤坏死因子受体超家族

易感性帕金森病
糖皮素缺乏
精神分裂症
C1 型 Niemann-Pick 病
大疱性表皮松解症
滑膜肉瘤
掌跖角化病
胆汁淤积
骨肉瘤
视锥细胞营养不良
肌肽血症
红细胞形成性原卟啉症
鳞状细胞癌
家族性骨质溶解
肥胖症，常染色体显性遗传
早发性 2 型 Paget 骨病
高铁血红蛋白血症

长 85Mb，> 154 个基因

18
号染色体

Coxsackie 病毒 B3 易感性
循环造血
岩藻糖基转移酶-6 缺乏症
2 型高钙血症
骨髓性／淋巴性或混合谱系白血病
蛋白酶 3
出血性疾病
1 型、2 型永久性副中肾管综合征
黏多糖症
1 型戊二酸尿症
矮妖综合征
松果体增生、胰岛素抵抗型糖尿病和体细胞异常
抗胰岛素型糖尿病
鱼鳞癣
T 细胞急性类淋巴母细胞白血病
脂肪瘤
易感性结核分枝杆菌和沙门菌感染
眼睛颜色，绿色／蓝色
家族性偏瘫性偏头痛
2 型发作性共济失调
脊髓小脑以及小脑共济失调
急性髓系白血病
1 型与 2 型 α 甘露糖苷贮积症
晚发性阿尔茨海默病
局灶节段性硬化肾小球肾炎
耳聋，常染色体显性遗传
3 型家族性低钙尿高钙血症
先天性唇腭裂
Charcot-Leyden 晶体蛋白
溶血性贫血
水肿
易感性恶性高热
中央轴突症
多囊脂质体骨发育不良
IA 型枫糖尿病
Camurati-Engelmann 病
肌强直性营养不良
I 型家族性进行性心脏传导阻滞
视神经萎缩
III 型 3-甲基丙二酸尿症
囊性纤维化修饰基因 1
囊性纤维化的胎粪肠梗阻，对视锥细胞营养不良敏感
2 型锥杆视网膜营养不良
迟发性显性视网膜色素变性
非胰岛素依赖型糖尿病
储铁蛋白-白内障综合征
促性腺激素腺功能减退
视网膜色素变性，常染色体显性遗传
缺趾畸形、外胚层发育不良、唇腭裂

Cayman 型小脑共济失调
家族性发热惊厥
胍基乙酸甲酯转移酶缺乏症
肌肉萎缩症
先天性巨结肠症易感基因 7
黑斑息肉综合征
急性淋巴细胞白血病
易感性动脉粥样硬化
易感性疟疾、脑疟
干燥综合征
胶质母细胞瘤
非髓样甲状腺癌
低密度脂蛋白受体
家族性血胆脂醇过多
脑动脉病
假性软骨发育不全
多发性骨骺发育不良
重症综合性免疫缺陷病
发色，棕色
线粒体复合体 IV 缺陷症
MHC II 型分子表达缺乏病
3 型多发性外生骨疣
良性家族性婴儿惊厥
B 细胞白血病／淋巴瘤
脊椎肋骨发育不全，常染色体隐性
前列腺特异性抗原
痉挛性截瘫，常染色体显性遗传
2 型与 3 型胱氨酸尿症
芬兰型先天性肾病
全面性癫痫伴热性惊厥附加症
卵巢癌
小头畸型，常染色体隐性遗传
Ib 以及 3 型高脂蛋白血症
易感性心肌梗死
细胞色素 P450(香豆素类抗性)
抗尼古丁成瘾
X 射线损伤修复基因 XRCCI
切除修复基因 ERCCI
D 组着色性干皮病
毛发低硫营养不良
DNA 连接酶 I 缺乏症
脊髓灰质炎病毒受体
疱疹病毒进入介质 B
IIB 型戊二酸尿症
结直肠癌
T 细胞急性淋巴细胞性白血病
电压门控钾通道 Shaw 亚家族成员 3 基因（KCNC3）
黑素瘤抑制活性蛋白
家族性肥厚型心肌病

Creutzfeldt–Jakob 病
Gerstmann–Straussler 病
致命型家族性失眠
泛酸激酶相关的神经退行性疾病
Alagille 综合征
角膜营养不良
显性阴性 DNA 结合抑制因子
面部异常综合征
巨人症
视网膜母细胞瘤
v–SRC 病毒癌基因
结肠癌
半乳糖唾液酸贮积症
常染色体隐性重症联合免疫缺陷症
溶血性贫血
肥胖 / 高胰岛素血症
Ia 型假性甲状旁腺功能减退症
McCune–Albright 综合征
生长激素瘤
垂体 ACTH 腺瘤
4B 型 Waardenburg 综合征

神经垂体性尿崩症
McKusick–Kaufman 综合征
淀粉样脑血管病
易栓症
易感性心肌梗死
Huntington 舞蹈症样疾病 1
先天性纯红细胞再生障碍性贫血
Hunter–Thompson 型肢端肢中发育不全
C 型短指症
Grebe 型软骨发不全
溶血性贫血
髓系肿瘤抑制物
乳腺癌
1 型青春晚期糖尿病
非胰岛素依赖型糖尿病
Graves 病易感基因 2
1 型新生儿良性夜间额叶癫痫
多发性骨骺发育不良
脑电波图异常
IB 型假性甲状旁腺功能减退症

20

长 72Mb，> 271 个基因

号染色体

柯萨奇病毒和腺病毒受体
荷兰型脑动脉淀粉样变性
淀粉样前体蛋白相关性阿尔茨海默病
慢性精神分裂症
先天性聋视网膜色素变性综合征，常染色体隐性遗传
肌萎缩侧索硬化症
寡霉素过敏
1 型 Jervell 和 Lange–Nielsen 综合征
QT 间期延长综合征
唐氏综合征细胞黏附分子
高胱氨酸尿
先天性白内障，常染色体显性
耳聋，常染色体隐性遗传
黏病毒（流感）耐抗性
急性髓系白血病

短暂性骨髓增生异常综合征
唐氏综合征短暂性白血病
肠激酶缺乏症
性羧化酶缺乏症
T 细胞淋巴瘤侵袭转移
非典型分枝杆菌感染
唐氏综合征临界区基因 3、4
1 型多腺体自身免疫病
1 型 Bethlem 肌病
进行性肌阵挛癫痫
前脑无叶畸形
1 型 Knobloch 综合征
溶血性贫血
乳腺癌
血小板紊乱伴随髓系恶性肿瘤

长 50Mb，> 137 个基因

号染色体

猫眼综合征
易栓症
家族性横纹肌易感性综合征
精神分裂症易感基因位点
B 型 Bernard-Soulier 综合征 / 巨血小板综合征
孤立型巨大血小板病
1 型血脯氨酸过多症
2 型天蓝色白内障
慢性骨髓性白血病
尤文肉瘤
神经上皮瘤
2 型 Li-Fraumeni 综合征
大血小板减少和粒细胞包涵体伴或不伴肾炎或感觉神经性听力损失
肌萎缩侧索硬化症
肺泡蛋白沉着症
SIS 相关性脑膜瘤
隆突性皮肤纤维肉瘤
巨细胞成纤维细胞瘤
脊髓小脑性共济失调
周围脱髓鞘神经病变、中枢髓鞘发育不良、Waardenburg 综合征和先天性巨结肠症
也门聋哑色素减退综合征
异喹胍过敏
多囊性肾病
异染性脑白质营养不良
线粒体神经消化道脑肌病
白质脑病

长 56Mb，> 277 个基因

22

号染色体

DiGeorge 综合征
腭心面综合征
1 型 Schindler 病
神崎病 (Kanzaki 病)
轻度 NAGA 缺乏症
部分性癫痫
谷胱甘肽尿症
2 型 Opitz GBBB 综合征
泛素融合降解
转钴胺素缺乏症
血红素氧合酶缺乏症
躁狂条纹基因（MFNG）
白血病抑制因子
眼底退化病
2 型多发性神经纤维瘤
散发型 NF2 相关性脑膜瘤
散发型神经鞘瘤
神经淋巴病
散发型恶性间皮瘤
耳聋，常染色体显性遗传
结肠直肠癌
细胞色素 C 氧化酶缺乏症 1 引起的致死性婴儿心脑肌病
腺苷基琥珀酸酶缺乏症
琥珀酸嘌呤血症性自闭症
葡萄糖 / 半乳糖吸收不良
外周型苯二氮䓬类受体
I 型与 II 型高铁血红蛋白血症

长 163Mb，> 613 个基因

X 染色体

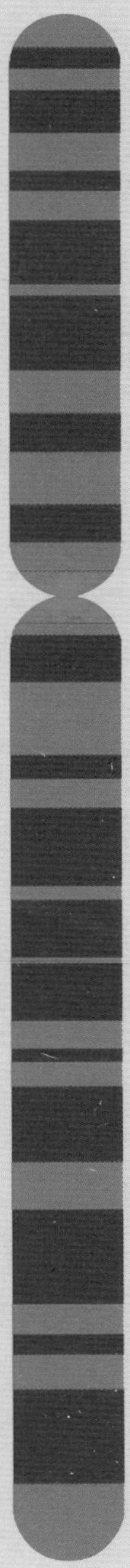

特发性家族性身材矮小
Leri–Weill 软骨骨生成障碍
Langer 肢中骨发育不良
M2 型急性髓细胞性白血病
软骨发育异常
Kallmann 综合征
1 型眼白化病
口–面–趾综合征
Nance–Horan 综合征
胎儿血红蛋白的异细胞遗传持久性
丙酮酸脱氢酶复合物缺乏症
糖原贮积病
Coffin–Lowry 综合征
智能缺陷
迟发性脊椎骨发育不全
阵发性睡眠性血红蛋白尿症
婴儿痉挛症综合征
Aicardi 综合征
感音神经性耳聋
2 型 Simpson–Golabi–Behmel 过度生长综合征
先天性肾上腺发育不全
剂量敏感性性反转
先天性感音神经性耳聋
视网膜色素变性
Wilson–Turner 综合征
视锥细胞营养不良
Aland 群岛眼病
视神经萎缩
1 型先天性静止性夜盲症
红细胞增强活性
先天性多发性关节挛缩
2 型先天性静止性夜盲症
Brunner 综合征
Wiskott–Aldrich 综合征
血小板减少症
牙病
1 型肾结石病
III 型血磷酸盐过少
蛋白尿
铁粒幼血球性 / 血蛋白过少贫血症
小脑共济失调
乳头状肾细胞癌
胰岛素依赖型糖尿病
Sutherland–Haan 综合征
社会认知功能
非特异性精神发育迟滞
Menkes 综合征
枕角综合征
新生儿皮肤松弛
4 型 FG 综合征
中度和重度免疫缺陷
Miles–Carpenter 综合征
显性遗传性运动感觉神经病
智能缺陷
X 染色体失活中心
卵巢功能早衰
Arts 综合征
唇裂和 / 或舌系带过短
球形角膜
婴儿早期癫痫性脑病
Pelizaeus–Merzbacher 病
痉挛性截瘫
X–连锁 Alport 综合征 1
Cowchock 综合征
先天性全身多毛症
遗传性先天性上睑下垂
细胞凋亡抑制因子
全垂体功能减退
胸腹综合征
1 型 Simpson–Golabi–Behmel / 过度生长综合征
2 型手足裂畸型
甲状旁腺功能减退
X–连锁精神发育迟缓综合征型 II
自毁容貌综合征
HPRT（次黄呤磷酸核糖基转移酶）基因相关的痛风

常染色体易感性霍奇金病
鱼鳞癣
微眼症、皮肤皮拉症和硬骨病
情景性肌无力
智能缺陷
眼白病和感觉性聋
釉质发育不全
隐性遗传性腓骨肌萎缩症
脱发性小棘毛囊角化病
遗传性低磷酸盐血
Pettigrew 综合征
视网膜劈裂症
XY 女性型性腺发育不全
非畸形性精神发育迟滞
2 型无丙种球蛋白血症
颅发育不良
1 型 Opitz GBBB 综合征
网状色素障碍
黑色素瘤
进行性假肥大性肌营养不良（DMD）
Becker 肌营养不良（BMD）
扩张性心肌病
慢性肉芽肿性疾病
X–连锁精神发育迟缓综合征型 Snyder–Robinson 型
Norrie 病
渗出性玻璃体视网膜病变
渗出性视网膜病
1 型 Renpenning 综合征
隐性视网膜色素变性
非特异性综合性智力迟钝
纯红细胞再生障碍性贫血伴随血小板减少
显性软骨发育异常
自身免疫性免疫缺陷综合征
乳头状肾细胞癌
颜面生殖器发育不良（Aarskog–Scott 综合征）
舞蹈手足徐动症伴随精神发育迟滞
滑膜肉瘤
Prieto X–连锁精神发育迟缓综合征
婴幼儿致命性脊髓性肌萎缩症
家族性典型偏头痛
女性和雄激素不敏感征
脊髓延髓肌肉萎缩症
前列腺癌
会阴型尿道下裂
男性乳腺癌伴随雷凡斯坦综合征
无汗性外胚层发育不良
α–地中海贫血 / 精神发育迟滞
Juberg–Marsidi 综合征
Sutherland–Haan 综合征
X–连锁精神发育迟滞–面肌张力低下综合征
溶血性贫血
肌红蛋白尿 / 溶血
Wieacker–Wolff 综合征
菲律宾型扭转性肌张力障碍–帕金森病
骨髓性 / 淋巴性或混合谱系白血病
铁粒幼细胞性贫血伴随共济失调
Allan–Hemdon 综合征
耳聋
无脉络膜症
丙种球蛋白缺乏血症
Fabry 病
Mohr–Tranebjaerg 综合征
X–连锁精神发育迟缓综合征型 Claes–Jensen 型
无脑回
基底细胞癌伴发毛囊性皮肤萎缩
精神发育迟滞伴随生长激素缺乏症
南非式智力迟钝
淋巴细胞增生综合征
家族性扭曲式 X 染色体失活
Pettigrew 综合征
伴视神经萎缩、耳聋和癫痫的精神发育迟滞
高 IgM 免疫缺陷
视网膜色素变性
Rett 综合征
内脏异位

长 51Mb，> 45 个基因

染色体

Y 染色体身材矮小同源盒基因
身材矮小
Leri-Weill 软骨骨生成障碍
Langer 肢中骨发育不良
Y 染色体白细胞介素-3 受体
Y 染色体性别决定区（睾丸决定因子）
XY 型性腺发育不全
Y 染色体原钙黏附因子-11
无精子症因子
生精障碍性不育症
Y 染色体影响生长控制
染色质蛋白
Y 染色体视网膜色素变性